狩野 祐東 [著]
サーティファイ Web 利用・技術認定委員会 公認

Webクリエイター能力認定試験 HTML5対応

スタンダード 公式テキスト

▌本書の解説環境（試験の対応環境）

●Windows
・Windows 7、8、8.1
・Internet Explorer 10、Internet Explorer 11、Chrome（最新版）、Firefox（最新版）

●Mac OS
・Mac OS X
・Safari6、Safari7、Chrome（最新版）、Firefox（最新版）

・本書に記載された内容は、情報の提供のみを目的としております。したがって、本書を用いての運用はすべてお客様自身の責任と判断において行ってください。
・本書の制作にあたっては正確な記述につとめましたが、著者や出版社のいずれも、本書の内容に関してなんらかの保証をするものではなく、内容に関するいかなる運用結果についてもいっさいの責任を負いません。あらかじめご了承ください。
・本書に掲載している画面イメージなどは、特定の設定に基づいた環境にて再現される一例です。ハードウェアやソフトウェアの環境によっては、必ずしも本書通りの画面にならないことがあります。あらかじめご了承ください。
・本書は2014年12月段階での情報に基づいて執筆されています。本書に登場するソフトウェアのバージョン、URL、製品のスペックなどの情報は、すべてその原稿執筆時点でのものです。執筆以降に変更されている可能性がありますので、ご了承ください。
・本書中に登場する会社名および製品名は、該当する各社の商標または登録商標です。本書では©およびTMマークは省略させていただいております。

はじめに

2014年10月28日、国際的なWeb技術標準化団体W3Cが、HTML5の規格を勧告しました。勧告とは、W3Cの「正式決定」という意味です。前バージョンであるXHTML1.0（第2版）が勧告されたのが2002年なので、HTMLの規格としては実に12年ぶりのバージョンアップです。

HTML5になって、以前のHTML4.01やXHTML1.0に比べて大幅に機能が強化されています。HTMLタグの数が増えて、ページの内容をより的確に意味付けできるようになったり、フォーム機能が拡充されたりしています。これからのWebサイト制作には、HTML5が当たり前に使われるようになりますし、もうすでにそうなってきています。

HTMLの新規格が登場するのと歩調を合わせるかのように、Webサイトの閲覧環境もPCからスマートフォンへと急速に移りつつあります。Webデザイン、Webサイト制作も日々変化している最中で、これまでの常識を見直さなければならない、過渡期的な状況にあると言えます。

……というふうに書いてしまうと、HTML5が何やら難しそうで、今が大変な時代で、やらなければいけないことが山のように待っていると感じるかもしれません。「ぜんぜんそんなことない」とは言いませんが、Webサイトを作るために必要なHTMLとCSSの基礎知識をしっかり身に付けておけば、HTML5の新機能はすんなり頭に入ってくるはずです。

本書「Webクリエイター能力認定試験 HTML5対応 スタンダード 公式テキスト」は、実際に作業をして試しながら、Webサイト制作に欠かせないHTMLおよびCSSの基本を習得できるように作られています。基礎的なWebサイトの制作技法をしっかりマスターして、その先の応用につなげましょう。

これからWebサイト制作のプロを目指す方、企業のWeb担当者の方、知識をアップデートしたい方など、HTML5の基礎知識を必要としている方々におすすめします。本書で学んだ内容を土台にして、新しい技術を吸収し、新しいアイディアを生み出していく、皆さんのお役に立てることを願っています。

2015年2月
狩野祐東

Contents

本書をご利用いただく前に …………………………………………………………………… 8
Webクリエイター能力認定試験とは？ ……………………………………………………… 10
Webクリエイター能力認定試験 HTML5対応　出題範囲 ………………………………… 12

第1章 Webサイト・制作の基礎知識

1-1 Webサイトの基礎知識 …………………………………………………… 16
Webページ、Webサイトとは ……………………………………………………… 16
Webページが表示される仕組み …………………………………………………… 16
URLとドメイン ……………………………………………………………………… 16
ブラウザーの種類 …………………………………………………………………… 18

1-2 ページを構成するファイル ……………………………………………… 19
拡張子は必ず表示させておこう …………………………………………………… 19
Webページで使用するファイルの種類 …………………………………………… 21

1-3 Webページを作る手順 …………………………………………………… 24
作成するサンプルサイトの構成と学習内容 ……………………………………… 24
ページレイアウトと各部の名称 …………………………………………………… 26
サイトの作成手順 …………………………………………………………………… 27

1-4 HTMLファイル、CSSファイル編集の基本操作 ……………………… 28
Windows 8/8.1の場合 ……………………………………………………………… 28
Mac OS Xの場合 …………………………………………………………………… 31

第2章 HTMLの基礎

2-1 HTMLの基礎知識 ………………………………………………………… 36
HTMLはコンテンツを構造化するための言語 …………………………………… 36
基本的なHTMLタグの書式と名称 ………………………………………………… 36
空要素 ………………………………………………………………………………… 38
コメント文 …………………………………………………………………………… 38
タグの親子関係 ……………………………………………………………………… 38

2-2 HTML5の特徴 …………………………………………………………… 40
セマンティクス要素の追加 ………………………………………………………… 40
意味が変更されたタグ ……………………………………………………………… 40
廃止されたタグ・属性 ……………………………………………………………… 40
書式が簡素化されたタグ …………………………………………………………… 40

2-3 HTMLの記述法 …………………………………………………………… 42
HTML5で記述するときの注意 …………………………………………………… 42

2-4 トップページのHTMLを作成する……44
- 文書型宣言……44
- 文字エンコード方式……46
- 外部CSSファイルの読み込み……47
- <div>よりも具体的な意味を持つタグ……48
- 意味が変更されたタグ……55

第3章 CSSの基礎

3-1 CSSの基礎知識……58
- CSSはHTMLの表示を制御するための言語……58
- CSSの基本的な仕組み……58
- CSSの基本的な書式と各部の名称……58
- コメント文……60
- @ルール……60
- 読みやすいCSSの記述……60

3-2 セレクター……61
- セレクターのパターン……61

3-3 CSSの使用・外部CSSファイルの読み込み……62
- CSSを適用する3つの方法……62
- HTMLタグにstyle属性を追加する……62
- <style>タグを使用する……62
- 外部CSSファイルを読み込む①〜<link>タグを使用する〜……63
- 外部CSSファイルを読み込む②〜@importルールを使用する〜……64

3-4 トップページのCSSを作成する……65
- セレクターを変更する……65
- ナビゲーション領域にロールオーバーのスタイルを設定する……73
- フォントサイズを変更する……76

第4章 各ページの作成

4-1 「施設のご案内」ページ作成の準備をする……82
- トップページを複製する……82

4-2 各ページに共通する部分のHTMLを作成する……84
- タイトルを編集する……84
- ロゴにリンクを設定する……85
- メイン領域に基本のHTMLを記述する……87
- ファイルを複製してほかのページを用意する……88

4-3 各ページに共通する部分のCSSを作成する……89
- メイン領域の見出しに背景画像を表示させる……89

背景画像の繰り返しを制御する ･･ 90
　　　パディングを調整する ･･･ 93
　　　マージンを調整する ･･･ 97
　　　マージン、パディングのショートハンドを使って書き直す ････････････････････ 99
　　　フォントサイズを調整する ･･･ 100
　4-4 テキストと画像が含まれたメイン領域を作成する ･･････････････ 101
　　　テキストを挿入する ･･･ 101
　4-5 箇条書きを追加する･･ 104
　　　箇条書きを3項目追加する ･･･ 104
　4-6 画像を挿入する ･･ 106
　　　最初の段落に<img>タグを挿入する ･･･ 106
　　　class属性を追加する ･･ 108
　4-7 CSSを編集して画像にテキストを回り込ませる ････････････････････ 109
　　　floatプロパティを使用する ･･ 109
　4-8 箇条書きの前で回り込みを解除する ･････････････････････････････ 111
　　　floatを解除する ･･･ 111
　4-9 箇条書きのスタイルを変更する ･･･････････････････････････････････ 122
　　　箇条書きのマークを変更する ･･･ 122

第5章 テーブルとそのスタイル

　5-1 「料金プラン」ページを作成する ････････････････････････････････ 126
　　　ページのタイトルと見出しを書き替える ･････････････････････････････････････ 126
　5-2 テーブルを作成する ･･･ 127
　　　基本的なテーブルを作成する ･･･ 127
　　　確認のためborder属性を追加する ･･ 129
　　　見出しに関連するセルを指定する ･･･ 130
　　　セルを結合する ･･･ 131
　　　テーブルに1行追加する ･･･ 133
　　　一部のセルに属性を追加する ･･･ 134
　5-3 テーブルのCSSを編集する ･･･････････････････････････････････････ 136
　　　テーブル全体のCSSを記述する ･･ 136
　　　キャプションを左揃えにする ･･･ 138
　　　セルに罫線を引く ･･･ 139
　　　見出しセルに背景色を付ける ･･･ 144
　　　「金額」列のセルだけ幅を小さくする ･･ 145
　　　「金額」列のデータセルだけテキストを右揃えにする ･････････････････････････ 146

第6章 フォーム

6-1 「ご意見・ご要望」ページを作成する ……………………………… 150
ページのタイトルと見出しを書き替える ……………………… 150

6-2 フォーム領域を作成する ……………………………………………… 152
フォームの基本 ……………………………………………………… 152
フォーム領域を作成する …………………………………………… 154

6-3 コントロールを作成する ……………………………………………… 156
テキストフィールドを作成する …………………………………… 156
ラベルテキストとコントロールを関連づける …………………… 157
テキストエリアを作成する ………………………………………… 159
送信ボタンを作成する ……………………………………………… 161

6-4 フォーム領域のCSSを編集する ……………………………………… 163
<form>のスタイルを編集してページのレイアウトを整える … 163

6-5 各種コントロールのスタイルを調整する …………………………… 164
テキストフィールド、テキストエリアのボーダーラインを変更する … 164
テキストフィールドのサイズを調整する ………………………… 165
テキストエリアのサイズを調整する ……………………………… 166

第7章 サンプル問題

7-1 実技問題　確認事項 …………………………………………………… 170
注意事項 ……………………………………………………………… 170
推奨画面レイアウト ………………………………………………… 170
画面操作説明 ………………………………………………………… 172

7-2 実技問題 ………………………………………………………………… 173
Webサイトの概要・仕様 …………………………………………… 173
作成するページの仕上がり見本 …………………………………… 175
問題1　トップページと基本レイアウトの作成 ………………… 178
問題2　各ページのフォーマットの複製 ………………………… 180
問題3　「施設のご案内」ページの作成 ………………………… 182
問題4　「料金プラン」ページの作成 …………………………… 183
問題5　「ご意見・ご要望」ページの作成 ……………………… 186

7-3 実技問題　採点基準 …………………………………………………… 189
7-4 実技問題　正答例と解説 ……………………………………………… 195

索引 ……………………………………………………………………………… 203

本書をご利用いただく前に

● 実習用データの使い方

本書で使用する実習用データは、FOM出版のホームページからダウンロードしたファイルを展開してご利用ください。

http://www.fom.fujitsu.com/goods/downloads/

■ 練習用データのダウンロードと展開

① ブラウザーを起動し、アドレスを入力してEnterキーを押します。
②「データダウンロード」のホームページが表示されます。
③「資格」の「Webクリエイター」をクリックします。
④「スタンダード」にある「Webクリエイター能力認定試験 HTML5対応 スタンダード 公式テキスト」の「ファイル名」の「fpt1417.zip」を右クリックします。
⑤ ポップアップメニューから[対象をファイルに保存]を選択します。
⑥「名前を付けて保存」ダイアログボックスが表示されます。
⑦ 保存する場所を選択し、[保存]をクリックします。
⑧ ファイルを保存した場所を開きます。
⑨ ファイル「fpt1417.zip」を右クリックします。
⑩ [すべて展開]を選択します。
⑪ 展開する場所を確認し、[展開]をクリックします。
⑫ ファイルが解凍され、「webcre-standard」フォルダーが作成されます。
※ Mac OS Xを使用している場合は、④の「fpt1417.zip」をcontrolキー+クリックして、コンテクストメニューの[リンク先のファイルをダウンロード]を選択します。「ダウンロード」フォルダーに保存されたファイルをダブルクリックして展開します。

■ 練習用データ利用時の注意事項

練習用データを開くと、ダウンロードしたファイルが安全かどうかを確認するメッセージが表示される場合があります。練習用データは安全なので、「編集を有効にする」をクリックして、ファイルを編集可能な状態にしてください。

■ 実習用データの使い方

「webcre-standard」フォルダーの中には、さらに次のフォルダーが含まれています。
・「start」フォルダー
　実習をはじめから通して行うときは、このフォルダーに含まれる index.html、style.css などのファイルをテキストエディター、または web ページ作成ソフトで開き、各節で紹介している手順で HTML タグや CSS を入力しましょう。
・「complete」フォルダー
　実習が終了したときの完成例を確認したいときは、このフォルダーを開きましょう。
・「section」フォルダー
　途中の節から始められるように、節ごとの実習用データが収められています。「section」フォルダー内の各節番号のフォルダーを探して、その中のファイルを使って作業しましょう。
・「sample」フォルダー
　本書の中で、実習には含まれない、応用的な内容を取り上げたサンプルファイルを紹介しているところがあります。サンプルファイルは「sample」フォルダーに含まれているので、その中から該当するファイルを探して確認しましょう。

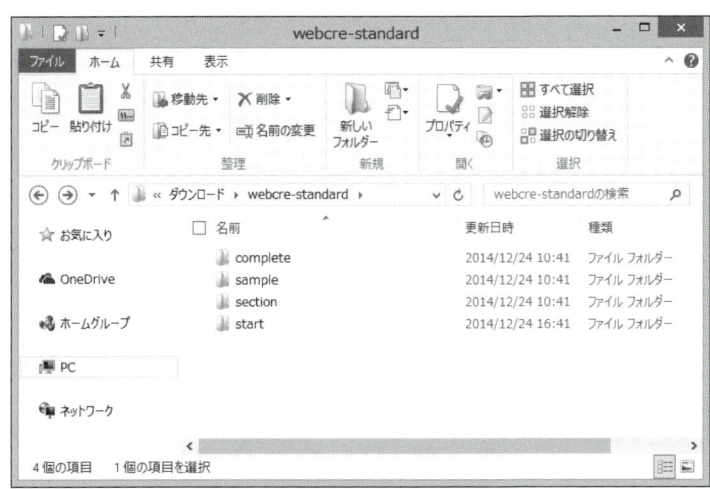

● 凡例

解説　用字用語や基本的な操作などを解説しています。

One Point　HTML タグや CSS を記述する際の応用テクニックを紹介しています。

Accessibility Note　Web サイト制作にかかせないアクセシビリティについての知識をまとめています。

Webクリエイター能力認定試験とは？

▶ Webクリエイター能力認定試験の概要

Webクリエイター能力認定試験は、Webクリエイターに必要とされる、Webサイト制作のデザイン知識およびWebページのコーディング能力を測定・評価する認定試験です。
エキスパートとスタンダードといった難易度に応じた級種を選択することで、現役のWebクリエイターはもちろんのこと、Webデザイナー、Webディレクター、Webプログラマー、それらを目指す学校・教育機関で学習されている方など、Webに関わる全ての方々を対象としています。
試験の詳細や受験方法、受験料などの情報は、Webクリエイター能力認定試験オフィシャルサイトにてご確認ください。

http://www.sikaku.gr.jp/web/wc/

▌主催・認定
サーティファイ Web利用・技術認定委員会

▌認定基準

エキスパート	レイアウト手法や色彩設計等、ユーザビリティーやアクセシビリティを考慮したWebデザインを表現することができる。 また、スクリプトを用いた動きのあるWebページの表示、マルチデバイス対応、新規Webサイトを構築することができる。
スタンダード	セマンテックWebを理解し、HTML5をマークアップすることができる。 また、CSSを用いてHTMLの構造を維持しつつ、Webページのデザインやレイアウトを表現することができる。

▌受験資格
学歴、年齢等に制限はありません。

▌合格基準

エキスパート	知識問題と実技問題の合計得点において得点率65％以上。
スタンダード	実技問題の得点において得点率65％以上。

■ 試験時間

エキスパート	知識問題	20 分
	実技問題	テキストエディター使用／110 分 Web ページ作成ソフト使用／90 分
スタンダード	実技問題	テキストエディター使用／70 分 Web ページ作成ソフト使用／60 分

※サーティファイ Web 利用・技術認定委員会では、メモ帳 (Windows) とテキストエディット (Mac OS) のみを「テキストエディター」として認めています。その他のソフトウェアを使用する場合は、「Web ページ作成ソフト」による受験となります。

■ 出題形式

級区分	科目	項目	試験形式
エキスパート	知識問題	内容	Web サイトに関する知識
		形式	多肢選択形式（4 択）
		題数	20 問（デザインカンプによる設問 15 問、文書による設問 5 問）
		時間	20 分
	実技問題	内容	HTML の作成、CSS の読込と作成、画像の表示、JavaScript の読込
		形式	配布された問題データおよび素材データに基づき、問題文の指示に従って編集を行い、解答データを提出する。
		題数	1 テーマ（基本ページ 1 ページと 5 ページ程度の HTML と CSS の作成、JavaScript の対応、レスポンシブ Web デザインの対応）
		時間	テキストエディター使用：110 分 Web ページ作成ソフト使用：90 分
スタンダード	実技問題	内容	HTML5 の変換、HTML の作成、CSS の読込と作成、画像の表示
		形式	配布された問題データおよび素材データに基づき、問題文の指示に従って編集を行い、解答データを提出する。
		題数	1 テーマ（4 ページ程度の HTML と CSS の作成）
		時間	テキストエディター使用：70 分 Web ページ作成ソフト使用：60 分

※受験時に参考資料として利用できる簡易リファレンス「受験者用リファレンス」が提供されます。

■ 対応ブラウザー

OS	ブラウザー
Windows7, 8, 8.1, 10	Internet Explorer 10, 11、Chrome（最新）、Firefox（最新）、Edge ＋ Internet Explorer
Mac OS X	Safari6、Safari7、Chrome（最新）、Firefox（最新）

※ OS のバージョン対応は各ブラウザーの動作環境に準ずる。

Webクリエイター能力認定試験 HTML5対応　出題範囲

最新の出題範囲はサーティファイホームページをご覧ください。

科目	単元	項目	主な内容	スタンダード 実技	エキスパート 実技	エキスパート 知識
制作環境						
	ファイルの操作		保存／複製／拡張子／ファイル名	●	●	●
	テキスト／ソースの操作		コピー＆ペースト／入力／変更／削除	●	●	●
	ブラウザー／ドメイン		ブラウザー名／レンダリングエンジン／名称と用途／URL／スキーム	●	●	●
	ファイルの種類					
		HTML／CSS	HTML／CSS 言語の特徴、構造とデザインの分離	●	●	●
		画像	GIF／JPEG／PNG ファイルの特徴、ビットマップ形式の特徴		●	●
		JavaScript	JavaScript 言語の特徴、動的コンテンツの特徴		●	●
		SVG／Webフォント	ベクトル形式の特徴、フォントの表示形式の特徴			●
		動画／音声／リッチコンテンツ	動画と音声の特徴、リッチコンテンツ（Flash）の特徴			●
Webサイトの構成と設計						
	ページ構成					
		基本ページ／フォーマット		●	●	●
		トップページ		●	●	●
		テキストと画像のページ		●	●	●
		テーブルのページ		●	●	●
		フォームのページ		●	●	●
		サムネイルのページ			●	●
		レスポンシブWebデザインの対応			●	●
	レイアウト／パーツ設計					
		ヘッダー領域／フッター領域		●	●	●
		ナビゲーション領域			●	●
		コンテンツ領域／メイン領域／サブ領域			●	●
		バナー／ボタン			●	●
		動的コンテンツ				●
	ユーザビリティ／アクセシビリティ					
		タイトル／見出しの統一	タイトルと見出しのルール	●	●	●
		文字色と背景色	文字色と背景色のコントラスト	●	●	●
		パンくずリスト	Webサイトの現在位置		●	●
		ページ内リンクの移動	ページの先頭、アンカー		●	●
		ユーザー導線	ファーストビュー／Z軸／F軸／E軸			●
		テキスト／リンク	文字サイズ／下線の表示／未読リンクと既読リンクの明確化			●
		ボタン／アイコン	矢印／メタファー／アフォーダンス			●
		色や形の表示	色に左右されないWebページの表示			●
		画像	alt 属性の配慮、凡例表示の配慮			●
		日付／金額／単語中のスペース	音声ブラウザー対応			●
		PDF／動画／フォーム／ダウンロードの取り扱い	注釈／説明／サイズの表示と配慮			●

科目	単元	項目	主な内容	スタンダード 実技	エキスパート 実技	エキスパート 知識
HTML						
	セマンテック／コンテンツモデル／カテゴリー		（X）HTML5 の概念	●	●	●
	HTML5 の移行		HTML 4.01 ／ XHTML 1.0 からの移行			●
	文字参照／実体参照		記号の記述	●	●	●
	コメント		<!-- -->	●	●	●
	基本構造		文書型宣言／ html 要素／ head 要素／ body 要素／ title 要素／文字エンコード	●	●	●
	外部スタイルシート					
		外部スタイルシートの読み込み	link 要素／ CSS ファイルの読み込みに関連する属性	●	●	●
		メディアクエリー	link 要素／メディアクエリーに関連する属性		●	●
	汎用コンテナー		div 要素／ span 要素	●	●	●
	ID 名／クラス名		id 属性／ class 属性	●	●	●
	見出し／段落／改行		h1 ～ h6 要素／ p 要素／ br 要素	●	●	●
	重要／コピーライト／連絡先		strong 要素／ small 要素／ address 要素	●	●	●
	リスト		ul 要素／ ol 要素／ li 要素／ dl 要素／ dt 要素／ dd 要素／関連する属性	●	●	●
	ハイパーリンク					
		フレージングコンテンツ	フレージングコンテンツに対応する a 要素／関連する属性	●	●	●
		フローコンテンツ	フローコンテンツに対応する a 要素／関連する属性		●	●
	画像		img 要素／関連する属性	●	●	●
	テーブル					
		行と列／見出しセル／キャプション	table 要素／ tr 要素／ td 要素／ th 要素／ caption 要素／関連する属性	●	●	●
		セルの結合	colspan 属性／ rowspan 属性	●	●	●
		表の区分	thead 要素／ tbody 要素／ tfoot 要素		●	●
	フォーム					
		フォームの範囲	form 要素／関連する属性	●	●	●
		テキストフィールド	input 要素／ type 属性（text）と関連する属性	●	●	●
		テキストエリア	textarea 要素／関連する属性		●	●
		ラベル	label 要素／関連する属性		●	●
		送信ボタン	input 要素／ type 属性（submit、image）と関連する属性	●	●	●
		指定のある入力フォーム	input 要素／ type 属性（tel、email）と関連する属性／ required 属性		●	●
		選択フォーム	input 要素／ type 属性（checkbox、radio）と関連する属性／ select 要素／ option 要素／関連する属性		●	●
	ヘッダー／フッター		header 要素／ footer 要素	●	●	●
	セクション		article 要素／ section 要素／ nav 要素／ aside 要素	●	●	●
	日時		time 要素／関連する属性		●	●
	図版		figure 要素／ figcaption 要素		●	●
	スクリプト		script 要素／ noscrip 要素		●	●

科目	単元	項目		主な内容	スタンダード 実技	エキスパート 実技	エキスパート 知識
CSS							
	文字エンコード			@charset／関連する値	●	●	●
	コメント			/* */	●	●	●
	外部スタイルシート			@import／関連するパスとファイル名	●	●	●
	セレクター／プロパティ						
		ユニバーサルセレクター／タイプセレクター			●	●	●
		IDセレクター／クラスセレクター			●	●	●
		子孫セレクター／セレクターのグループ化			●	●	●
		リンク疑似クラス／ユーザーアクション擬似クラス			●	●	●
		属性セレクター				●	●
		構造疑似クラス				●	●
		CSSの優先順位（詳細度の計算方法／!important）					●
	スタイル						
		表示	display／関連する値		●	●	●
		リスト	list-style／関連する個別のプロパティ／関連する値		●	●	●
		幅／高さ	width（最大幅、最小幅含む）／height（最大高さ、最小高さ含む）／関連する値		●	●	●
		マージン／パディング	margin／padding／関連する個別のプロパティ／関連する値		●	●	●
		ボックス	overflow／関連する個別のプロパティ／関連する値		●	●	●
		ボックスの透明度	opacity／関連する値			●	●
		ボーダー	border／関連する個別のプロパティ／関連する値		●	●	●
		配置	position／top／bottom／left／right／関連する値		●	●	●
		フロート／フロートの解除	float／clear／関連する値		●	●	●
		文字色／フォント	color／font／関連する個別のプロパティ／関連する値		●	●	●
		テキスト	text-indent／text-decoration／text-align／vertical-align／関連する値		●	●	●
		テーブル	table-layout／border-collapse／border-spacing／関連する値		●	●	●
		背景（単体指定）	background／関連する個別のプロパティ／関連する値（単体指定）		●	●	●
		背景（複数指定）	background／関連する個別のプロパティ／関連する値（複数指定）			●	●
	技法／スタイリング						
		リセットCSS／ノーマライズCSS			●	●	●
		見出し／ボタンのスタイリング			●	●	●
		マージンによる左右中央揃え			●	●	●
		clearfix			●	●	●
		CSSスプライト／CSSシグネチャ				●	●
		交互する背景色				●	●
ビジュアルデザインと配色							
	ビジュアルデザイン			グリッドシステム／縦横比（黄金比、白銀比、和のシェイプ、1/3）／グループ化・規則化（近接、整列、反復、対比、開閉）／タイポグラフィ／カーニング／ジャンプ率／シンメトリー			●
	配色			70：25：5の法則（ベースカラー・メインカラー・アクセントカラー）／色の寒暖／色の軽重／色の遠近／色の三原色／色の三属性（色相・彩度・明度）／トーン／Webカラー			●
	画像加工の操作			トリミング／リサイズ／カラー補正／各種エフェクト			●
運営と管理				プライバシーポリシー／SSL／サイトマップ／バリデート／ファイル転送			●

第1章 ▶

Webサイト・制作の基礎知識

Webサイトの基礎知識
ページを構成するファイル
Webページを作る手順
HTMLファイル、CSSファイル編集の基本操作

1-1 第1章 ▶ Webサイト・制作の基礎知識

Webサイトの基礎知識

Webサイトが表示される仕組みからWebブラウザーの種類まで、Webサイトの制作を始める前に知っておきたい基礎知識を紹介します。

▶ Webページ、Webサイトとは

Webページとは、Webブラウザー（以下、ブラウザー）のウィンドウに一度に表示される画面のことを指します。1つのWebページは、1枚のHTMLファイル、および画像、レイアウト情報が記述されたCSSなどの関連ファイルで構成されています。また、ブラウザーからアクセスして表示するために、HTMLファイルを含め、Webページで使用されるすべてのファイルにはそれぞれ固有のURLが割り当てられています。

Webサイトは、複数のWebページで構成されているまとまりのことを指します。Webサイトは「サイト」または「ホームページ」と呼ばれることもあります。本書では原則としてWebサイトと呼んでいます。

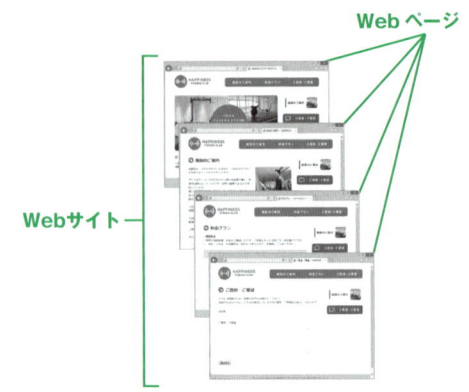

【WebページとWebサイト】

▶ Webページが表示される仕組み

Webサイトを閲覧するには、ブラウザーを使用します。
ブラウザーは、アドレスバーに表示されているURLのファイルを、Webサーバーにリクエストして、データをダウンロードします。ブラウザーは、ダウンロードが完了したデータから順に、ブラウザーウィンドウに表示します。

■ HTMLファイルにはさまざまなリンクが書かれている

Webページを表示するには、最低でも1枚のHTMLファイルをWebサーバーからダウンロードしてくる必要があります。ダウンロードしてきたHTMLには、たいてい、そのページに表示させたい画像やスタイルシート（CSS）ファイルが保存されている場所（URL）などのリンクが複数含まれています。

▶ URLとドメイン

ブラウザーがHTMLや画像など、表示させたいコンテンツをWebサーバーにリクエストするには、そのファイルが保存されている「Webサーバーがどこにあるのか」「Webサーバーのどこに保存され

ているのか」がわかる正確な情報が必要です。
HTMLファイルや画像ファイルなどが保存されている場所を示すのがURLです。すべてのファイルに唯一のURLが割り当てられています。

【URLの例】

URL
http://www.sikaku.gr.jp/
http://www.sikaku.gr.jp/web/
http://www.sikaku.gr.jp/web/index.html

■ドメイン

ドメインとは、「Webサーバーの場所」を示す情報です。たとえば、Webクリエイター能力認定試験のドメインは「sikaku.gr.jp」で、会社や個人がドメイン登録団体に申請を出して取得します。すべてのドメインは世界に1つしかありません。

【ドメインの例】

■ホスト名（サブドメイン）

あるドメインに対して複数のWebサーバーが割り当てられている場合に、それらを区別するために使用するのがホスト名（またはサブドメイン）です。Webページのデータを提供するWebサーバーには、ホスト名が付かないか、「www」というホスト名が付くことが多いです。

【ホスト名の例】

ホスト名	URL
なし	http://sikaku.gr.jp
www	http://www.sikaku.gr.jp

■スキーム

URLの先頭は必ず「スキーム://」という形になっています。
インターネット上では、Webページで使われるHTMLや画像ファイル以外にも、さまざまなデータが送受信されています（たとえばメールのデータなど）。あるデータを送受信する際、そのデータがWebページに使われるものなのか、メールなのか、あるいはそれ以外のものなのかを区別するのが「スキーム」です。Webページで使われるデータを送受信する際のスキームは「http」または「https」です。

【スキームの例】

スキーム	説明
http	HTMLドキュメントと関連するCSS、画像データなどを送受信するための通信方式。
https	送受信するデータはhttpと同じだが、通信が暗号化されている。
ftp	ファイルをWebサーバーに転送するときに使用するスキーム。WebサイトのデータをWebサーバーにアップロードするときなどに使用する。

ブラウザーの種類

ブラウザーにはさまざまな種類があります。主要なブラウザーには、WindowsにプリインストールされているInternet Explorer（以下、IE）、Mac OS XにプリインストールされているSafariをはじめ、Google ChromeやMozilla Firefoxなどがあります。

また、iPhoneやiPadにはモバイル版のSafari、AndroidにはAndroidブラウザーもしくはモバイル版Chromeがインストールされています。

それぞれのブラウザーは、HTMLやCSSをパース（解析）して画面に表示する機能を持つ「レンダリングエンジン」というソフトウェアを中心に開発されています。パソコン版Safariとモバイル版Safariは、ユーザーが操作するインターフェースは異なりますが、レンダリングエンジンは同じです。パソコン版のGoogle Chromeと、比較的新しいバージョンのAndroidブラウザーのレンダリングエンジンも同一です。

【主要なブラウザーとレンダリングエンジン】

ブラウザー	レンダリングエンジン	主な対応機器・OS
Internet Explorer	Trident	Windows
Safari	WebKit	Mac OS X、iOS
Google Chrome	Blink	Windows、Mac OS X、Android、iOS
Mozilla Firefox	Gecko	Windows、Mac OS X

ブラウザーによる表示の違い

たとえ同じHTMLやCSSを使用していても、ブラウザーの種類やバージョンによって表示が異なることがあります。近年、表示の違いは非常に少なくなってきていますが、Webサイトを制作するときは、できるだけたくさんの種類のブラウザーで表示を確認しましょう。

Accessibility Note　音声ブラウザー（読み上げブラウザー）

WindowsやMac OS X、iPhoneや一部のスマートフォン、携帯電話には、スクリーンリーダーと呼ばれる機能が搭載されていて、Webページの内容を音声にして読み上げてくれます。また、音声ブラウザー（読み上げブラウザー）と呼ばれる専用ブラウザーもあり、視覚障害者の支援ソフトとして使われています。どんな人でも等しく情報を取得できたり、操作できたりするように配慮することは「アクセシビリティ」と呼ばれています。Webサイトも、アクセシビリティに配慮して制作するようにしましょう。

ページを構成するファイル

第1章 ▶ Webサイト・制作の基礎知識 1-2

1枚のWebページは、HTMLやCSS、表示される画像など複数のファイルで構成されています。ここでは、Webページを構成するファイルの種類や、それぞれの特徴、役割について説明します。

● 拡張子は必ず表示させておこう

パソコンに保存されているほとんどのファイルには、ファイル名の最後に、ドット（.）に続けて拡張子と呼ばれる文字列が付いています。拡張子は、ファイルの種類を区別するために用いられるもので、多くは2〜4文字程度の、あらかじめ定義されているアルファベットの文字列です。

【拡張子の例】

拡張子	ファイルの種類
.html	HTMLファイル
.css	CSSファイル
.jpg	JPEG形式のファイル
.txt	テキストファイル
.pdf	PDF形式のファイル
.zip	ZIP圧縮形式のファイル

Webサイトを制作する際は、ファイルに付いている拡張子を知っておくことが非常に重要です。特にWindowsの初期状態ではほとんどの拡張子を表示しないので、作業をする前に必ずOSの初期設定を変更しておきます。また、Windows 8/8.1をお使いの場合は、OSの初期設定を変更するだけでなく、Webサイトを制作するときはほぼ常に、デスクトップ画面で作業を行うことになります。
Mac OSは初期状態で多くの拡張子が表示されているので、基本的には設定を変更する必要はありません。Webサイトで使用する.htmlや.jpgなどの拡張子が表示されていない場合は「拡張子を表示する（Mac OS X）」（P.21）の操作をしてください。

■ デスクトップ画面に切り替える・拡張子を表示する（Windows 8/8.1）

①スタート画面の[デスクトップ]をクリックして、デスクトップ画面に切り替えます。

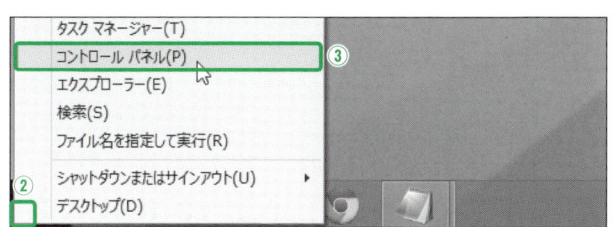

②画面の左下にマウスポインタを移動させてから右クリックします。
③ポップアップメニューの［コントロールパネル］を選択します。以後の操作は次の「拡張子を表示する（Windows 7/8/8.1）」を参照してください。

■拡張子を表示する（Windows 7/8/8.1）

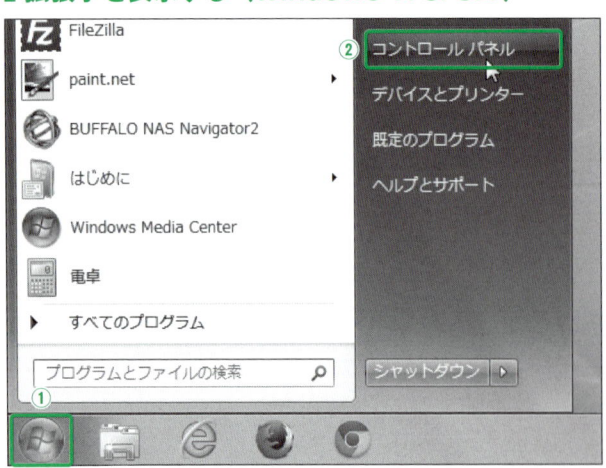

① ［スタート］メニューをクリックします。
② ［コントロールパネル］をクリックします。

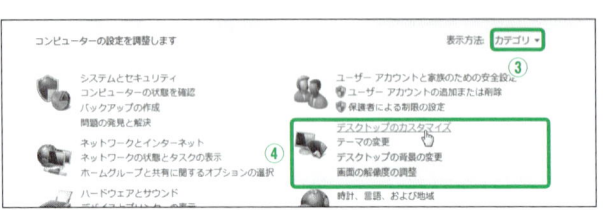

③ ［表示方法］ポップアップメニューから［カテゴリ］を選択します。
④ ［デスクトップのカスタマイズ］をクリックします。

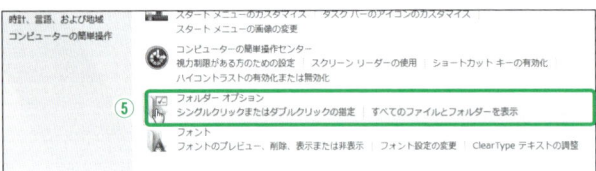

⑤ 画面が切り替わったら［フォルダーオプション］をクリックします。

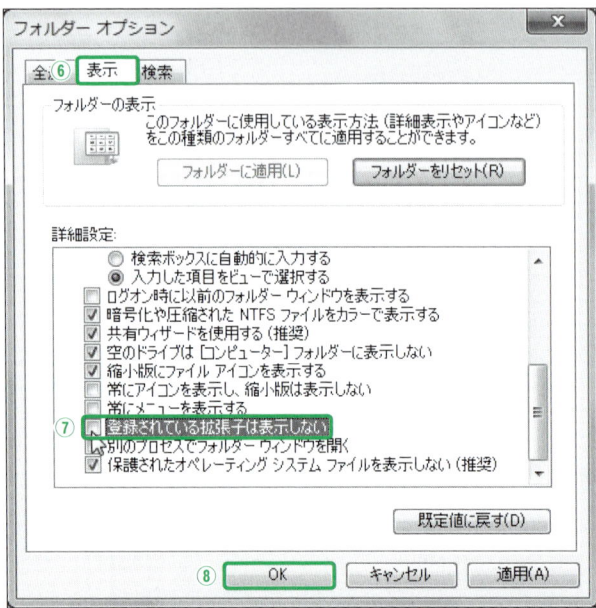

⑥ 「フォルダーオプション」ダイアログの［表示］タブをクリックします。
⑦ 「詳細設定」の［登録されている拡張子は表示しない］のチェックを外します。
⑧ 終了したら［OK］をクリックします。

■ 拡張子を表示する（Mac OS X）

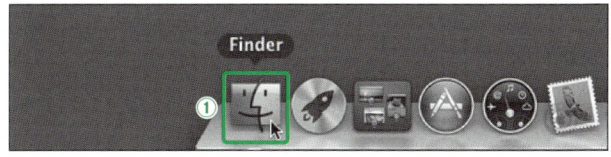

①「Dock」の［Finder］をクリックします。

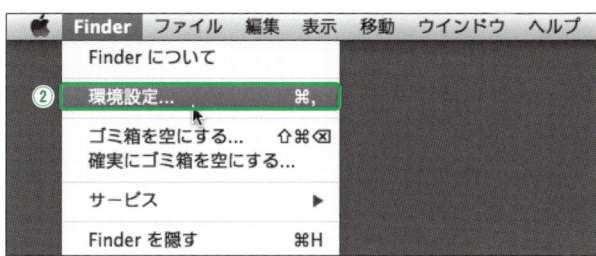

②「Finder」メニューから［環境設定］を選択します。

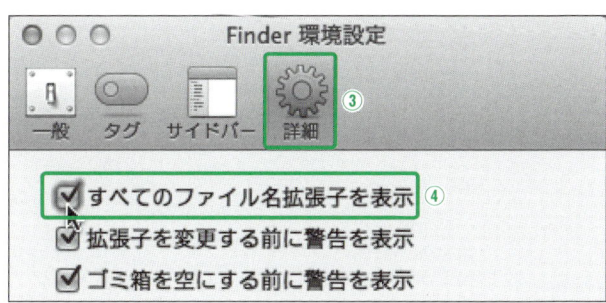

③「Finder 環境設定」ダイアログの［詳細］をクリックします。
④［すべてのファイル名拡張子を表示］にチェックを付けます。

● Webページで使用するファイルの種類

1枚のWebページは、最低1枚のHTMLと、関連するスタイルシートや画像など、複数のファイルを使って作られています。ここでは、Webサイトの制作でよく使われるファイルの種類を覚えておきましょう。

■ HTML(.html、.htm)

HTMLが書かれたファイルを「HTMLファイル」と呼びます。1枚のWebページにつき、最低でも1枚のHTMLファイルが必要です。
HTMLファイルの拡張子は「.html」もしくは「.htm」です。本書、および「Webクリエイター能力認定試験」の実技問題で使用するHTMLファイルには「.html」拡張子が付いています。

■ CSS(.css)

第3章で改めて詳しく解説しますが、HTMLのレイアウトを調整し、ブラウザー上での表示を制御するのが「CSS」と呼ばれる言語です。CSSは、原則としてCSSファイルに記述します。CSSを記述したり、CSSファイルを用意したりするのは必須ではありませんが、現在のWebサイトではほぼ必ず作成すると言ってよいでしょう。
CSSファイルの拡張子は「.css」です。

■ 画像ファイル（.jpg、.gif、.png）

Webページには画像ファイルを表示させることができます。画像ファイルにはいろいろなフォーマット（ファイル形式）がありますが、Webページに使えるのはJPEG形式、GIF形式、PNG形式の3種類です。それぞれに特徴があり、長所を生かして使い分けます。

● JPEG形式

フルカラー（約1670万色）の表示に対応したファイル形式です。拡張子は「.jpg」です。写真や、グラデーションを多用したグラフィックに適しています。
JPEGは圧縮率を調整することができます。圧縮率を高くするとファイルサイズは小さくなりますが、同時に画質が低下します。逆に圧縮率を低くするとファイルサイズは大きくなりますが、画質は良くなります。

【JPEG形式は写真などに適している】

● GIF形式

使用できる色数が256色に制限される代わりに、ファイルサイズが小さくなるファイル形式です。ベタ塗りの面積が大きく、色数の少ないグラフィックに適しています。パラパラ漫画のようなアニメーションが作れるのも特徴の1つです。また、後述するPNG形式が登場したため現在はあまり使われませんが、簡易的、画質のそれほどよくない透過を適用することができます。拡張子は「.gif」です。

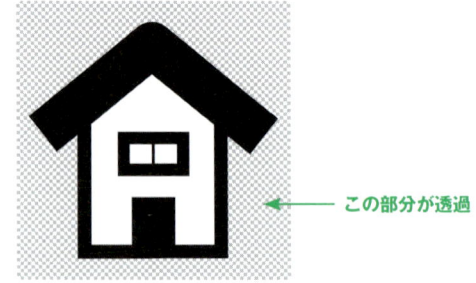
【GIF形式は色数の少ないグラフィックに適している】
← この部分が透過

● PNG形式

GIFの代替フォーマットとして開発された形式で、写真のように色数の多い画像にも、べた塗りのグラフィックにも対応できるのがPNG形式です。PNGには、色数が256色に限定され、簡易的な透過だけができるPNG8形式と、フルカラーで、かつ高品質な透過ができるPNG24形式があります。拡張子はどちらも「.png」です。

【PNG形式は万能で、高品質な透過もできる】
← この部分が透過

【画像形式の比較】

	拡張子	色数	透過	アニメーション	その他特徴
JPEG	.jpg	フルカラー（1670万色）	×	×	圧縮率を変更できる
GIF	.gif	256色	△（簡易的な透過）	○	
PNG（PNG8）	.png	256色	△（簡易的な透過）	×	一般的にGIFよりファイルサイズ小
PNG（PNG24）	.png	フルカラー	○	×	一般的にJPEGよりファイルサイズ大

■その他よく使われるファイル

Webページで使われるファイルのほとんどがHTML、CSS、画像ファイルですが、それ以外に何種類か使用可能なファイルがあります。

ページに特殊な機能を付けることができるJavaScript（.js）ファイル、リンクをクリックするとダウンロードできるZIP（.zip）ファイル、PDF（.pdf）ファイルなどが使われます。

■ファイル名と拡張子

Webサイトで使用するファイルのファイル名には、半角英数字、ハイフン（-）、アンダースコア（_）だけを使用します。Windows、Mac OS X、Webサーバーが稼働しているOSで使用できる文字が少しずつ異なるため、どんな環境でも確実に使えるものだけを使用しておいたほうが安全だからです。

また、WindowsやMac OS Xなど、Webサイト制作作業で使用するパソコンはファイル名の大文字小文字を区別しませんが、Webサーバーは大文字小文字を区別します。初めのうちは混乱のもとなので、ファイル名に大文字を使うのはおすすめしません。

【Webサイトで使用するファイルのファイル名に使用できる文字、できない文字】

文字	使用できる・できない	備考
半角英数字、-（ハイフン）、_（アンダースコア）	使用できる	
大文字	条件付きで使用できる	大文字小文字を区別するOSとしないOSがあるため、慣れないうちは使用しない
.（ピリオド）	条件付きで使用できる	ファイル名の1文字目には使用できない
半角カタカナ、全角	使用できない	
半角スペース、/、¥、\、&、?	使用できない	

1-3 Webページを作る手順

第1章 ▶ Webサイト・制作の基礎知識

Webサイトは複数のWebページで構成されています。通常は、共通するHTMLやCSSを先に記述して、それから個別のページを仕上げるという流れで制作します。

● 作成するサンプルサイトの構成と学習内容

本書ではサンプルサイトを作成しながら、HTMLとCSS、Webサイト制作の基本的な知識を身につけます。作成するのはフィットネスクラブのWebサイトで、4ページ構成になっています。

■ トップページ（index.html）

フィットネスクラブWebサイトのトップページです。最初にこのページを作成して、サイト全体の基本的なHTMLとCSSを作成します。

【トップページ】

■ 施設のご案内ページ（info.html）

施設案内のページです。見出しや段落など基本的なHTMLを使用します。また、画像にテキストを回り込ませるなど、CSSでページのレイアウトを整えます。

【施設のご案内ページ】

■料金プランページ（fee.html）

料金プランのページです。テーブルを使用して料金表を作成します。

【料金プランページ】

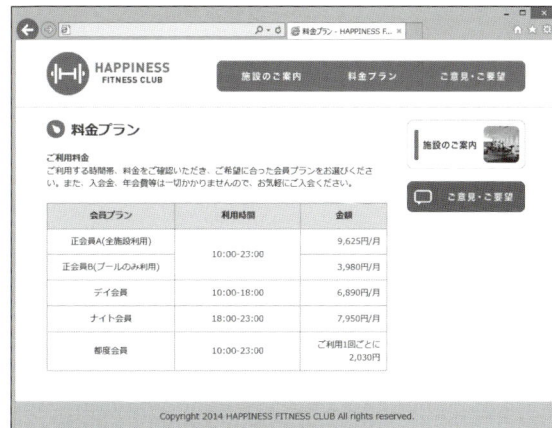

■ご意見・ご要望ページ（opinion.html）

お客様からのご意見・ご要望を受け付けるページです。HTMLのフォーム機能を使用してページを作成します。

【ご意見・ご要望ページ】

▶ ページレイアウトと各部の名称

サンプルサイトは2カラム（左右2段組み）レイアウトのページです。パソコン向けWebサイトではよくある典型的なレイアウトだと言ってよいでしょう。一般的な各部の名称は次のとおりです。

【ページの各部の一般的な名称】

▌ヘッダー領域
企業や個人のロゴ、ナビゲーションなどが含まれるページ上部の領域を「ヘッダー領域」と言います。一般的なWebページのほとんどにヘッダー領域があります。

▌ナビゲーション領域
Webサイトの主要なページへのリンクが並べられた領域が「ナビゲーション領域」です。サイト内を行ったり来たりしやすく、主要な情報を見つけやすくするためにナビゲーションを作成します。

▌コンテンツ領域
ヘッダー領域、フッター領域を囲む重要な情報が掲載されている領域を、本書では「コンテンツ領域」と呼んでいます。

▌メイン領域
そのページに特有の内容、たとえば施設案内なら施設の情報、料金案内なら料金表を含む領域を本書では「メイン領域」と呼んでいます。そのページの最も重要な情報がある領域です。

■ サブ領域

リンクやバナーなどが並んだ領域を、本書では「サブ領域」と呼んでいます。

■ フッター領域

ページの下部にあり、Webサイトのコピーライトなどが含まれる領域を「フッター領域」と言います。ヘッダー領域同様、一般的なWebページのほとんどにフッター領域があります。

▶ サイトの作成手順

サイトの仕上がり見本をよく見てみると、4ページともヘッダー領域、フッター領域があり、メイン領域とサブ領域が横に並んだ2カラムレイアウトになっています。ページ全体のレイアウトはほぼ共通なので、最初に1ページ作成してからそのHTMLを複製し、残りの3ページを作ります。

【サイトの制作手順】

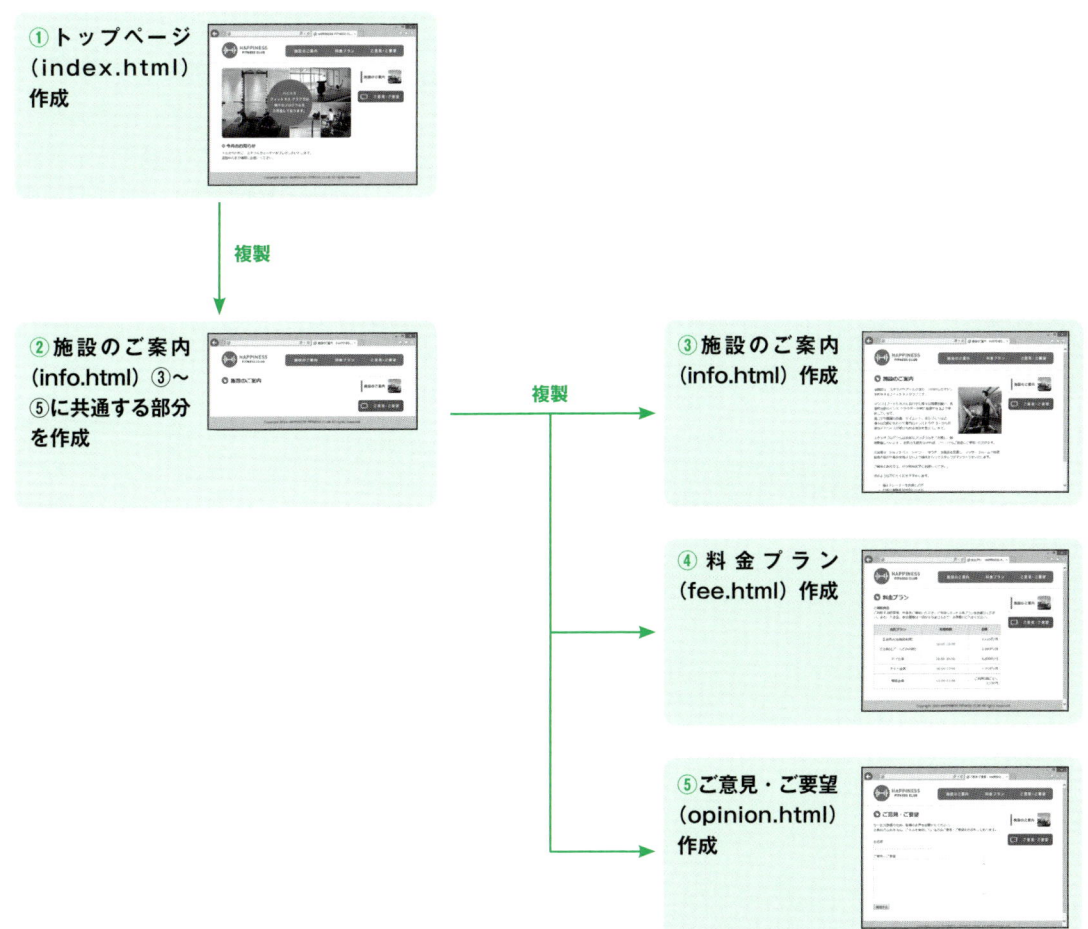

第1章 ▶ Webサイト・制作の基礎知識

HTMLファイル、CSSファイル編集の基本操作

本書では実際にWebサイトを作りながら、必要な知識・技術を習得します。ここではHTMLファイル、CSSファイルを編集するテキストエディターの基本的な操作を紹介します。

▶ Windows 8/8.1の場合

Windowsで実習に取り組む場合は、HTMLファイル、CSSファイルを編集するテキストエディターとして、本書ではOSにプリインストールされている「メモ帳」を使用します。HTMLファイルやCSSファイルの編集は、メモ帳でなくても、Adobe DreamWeaverなどWebページ作成ソフトを使うこともできます。

■メモ帳を起動する

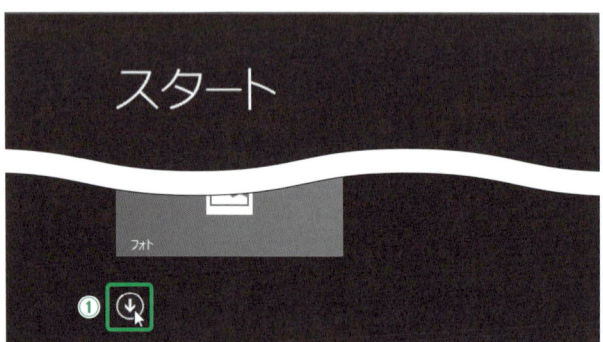

①スタート画面の左下にある●をクリックします。

②アプリ一覧から［メモ帳］をクリックします。

■メモ帳でファイルを作成する

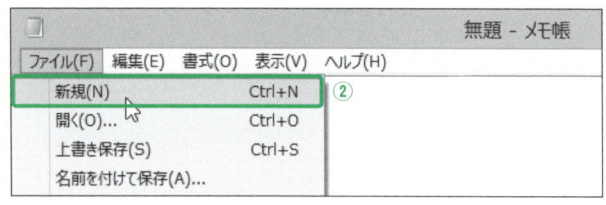

①メモ帳を起動します。
②［ファイル］メニュー─［新規］を選択します。
※または、CtrlキーとNキーを同時に押します。

■メモ帳でファイルを開く

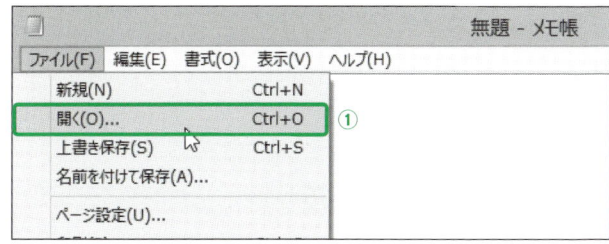

①メモ帳の［ファイル］メニュー―［開く］を選択します。

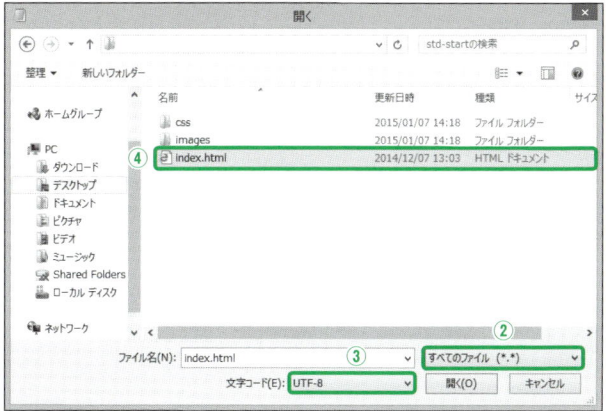

②「開く」ダイアログで、ファイルの種類を選ぶプルダウンメニューから［すべてのファイル］を選択します。
③「文字コード」プルダウンメニューから［UTF-8］を選びます。
④開きたいファイルをダブルクリックします。

■HTMLファイル、CSSファイルを保存する

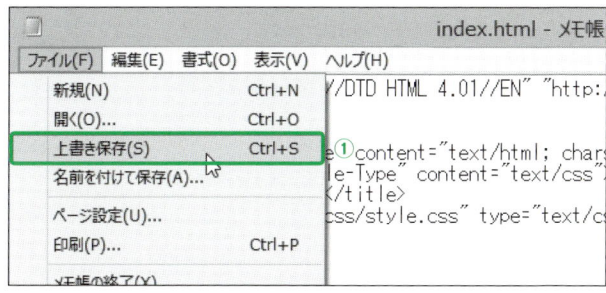

①メモ帳の［ファイル］メニュー―［上書き保存］を選択します。

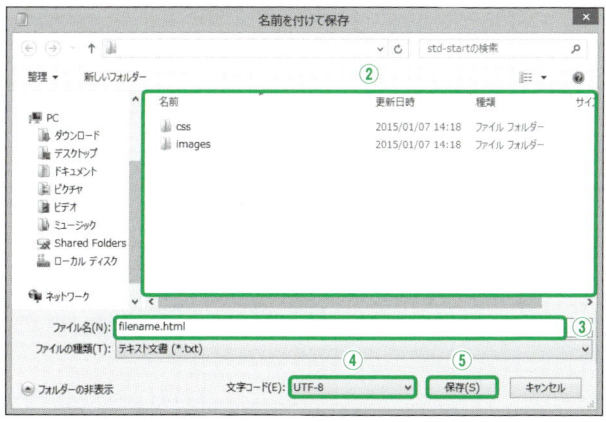

②最初に保存する場合は「名前を付けて保存」ダイアログが表示されます。ファイルを保存したい場所を選びます。
③ファイル名を入力します。
④「文字コード」プルダウンメニューから［UTF-8］を選びます。
⑤［保存］をクリックします。

■編集したHTMLをブラウザーで表示する

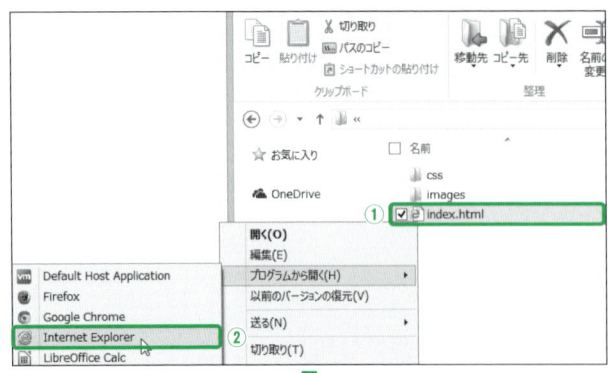

①エクスプローラーウィンドウで、開きたいHTMLファイルを右クリックします。
②ポップアップメニューの［プログラムから開く］―［Internet Explorer］を選択します。
※ Firefox、Google Chromeなどほかのブラウザーを選んでもかまいません。

■テキストをコピー&ペーストする

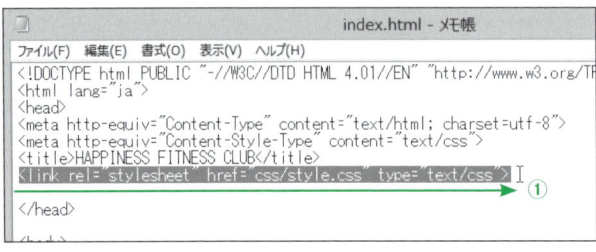

①マウスをドラッグして、コピーしたいテキストを選択します。

②選択した範囲を右クリックします。
③ポップアップメニューから［コピー］を選びます。
※または、Ctrlキーと©キーを同時に押します。

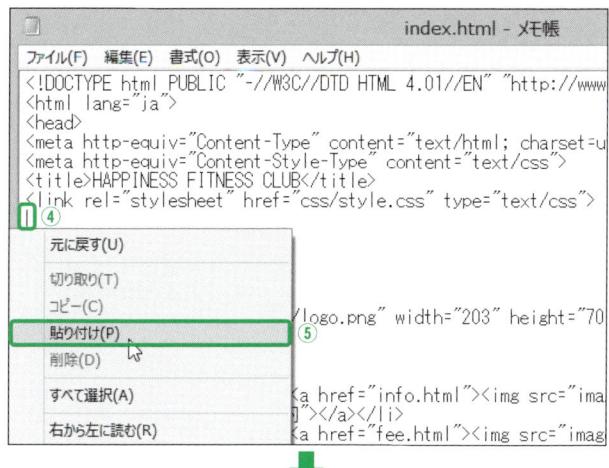

④ペースト（貼り付け）したい箇所で右クリックします。
⑤ポップアップメニューから［貼り付け］を選びます。
※または、Ctrlキーと Vキーを同時に押します。

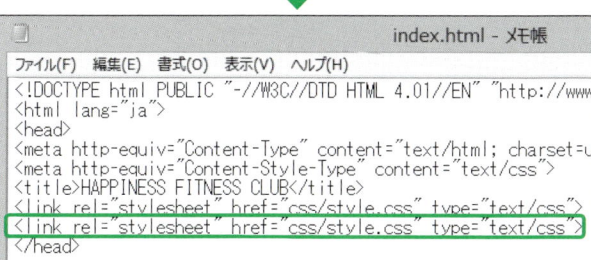

● Mac OS Xの場合

Mac OS Xで実習に取り組む場合は、HTMLファイル、CSSファイルを編集するテキストエディターとして、本書ではOSにプリインストールされている「テキストエディット」を使用しています。HTMLファイルやCSSファイルの編集は、テキストエディットでなくても、Adobe DreamWeaverなどWebページ作成ソフトを使うこともできます。

■テキストエディットを起動する

① Dockの［Launchpad］をクリックします。

② アプリケーションの一覧が表示されるので、［テキストエディット］をクリックします。

③ダイアログが開く場合は［完了］をクリックします。

  テキストエディットで HTML ファイル、CSS ファイルを編集する場合の注意

テキストエディットは、初期状態では HTML ファイルや CSS ファイルの編集ができません。これらのファイルを編集する前に一度だけ、テキストエディットの設定を変更しておく必要があります。

① テキストエディットを起動したら［テキストエディット］メニュー―［環境設定］を選択します。

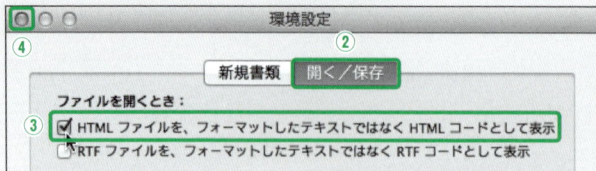

② ｢環境設定｣ダイアログの［開く／保存］タブをクリックします。
③ ［HTML ファイルを、フォーマットしたテキストではなく HTML コードとして表示］にチェックを付けます。
④ ダイアログを閉じます。

■ファイルを作成する

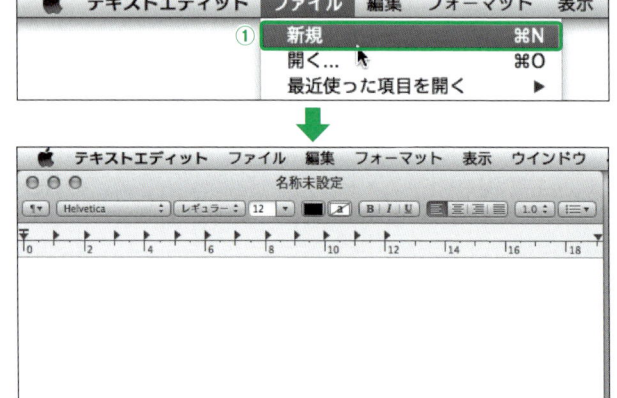

① テキストエディットの［ファイル］メニュー―［新規］を選択します。
新規ドキュメントのウィンドウが開きます。

■ファイルを開く

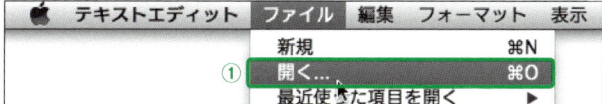

① テキストエディットの[ファイル]メニュー―[開く]を選択します。

② ダイアログウィンドウから開きたいファイルを選びます。
③ [開く]をクリックします。

■HTMLファイル、CSSファイルを保存する

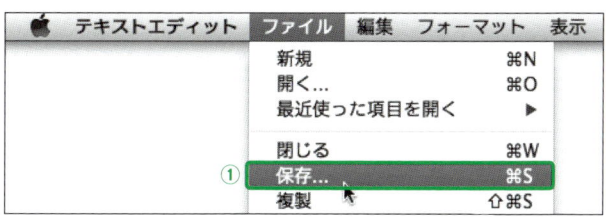

① テキストエディットの[ファイル]メニュー―[保存]を選択します。

② 最初に保存する場合は保存ダイアログが表示されます。保存場所が詳しく選択できないようになっている場合は▼をクリックします。

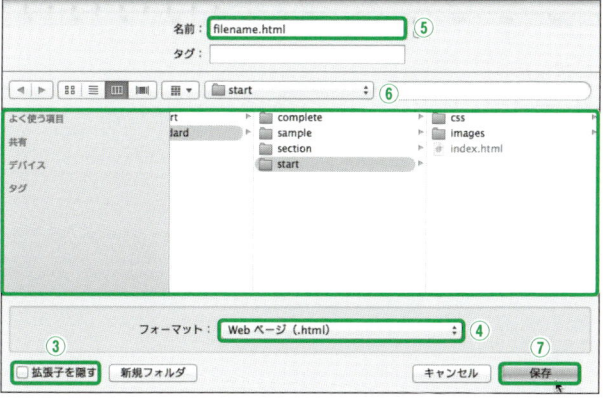

③ [拡張子を隠す]のチェックを外します。
④ 「フォーマット」プルダウンメニューから[Webページ（.html）]を選択します。
※ CSSファイルを保存するときも[Webページ（.html）]を選びます。
⑤ 「名前」にファイル名を入力します。
⑥ 保存したい場所を選択します。
⑦ 最後に[保存]をクリックします。

■編集したHTMLをブラウザーで表示する

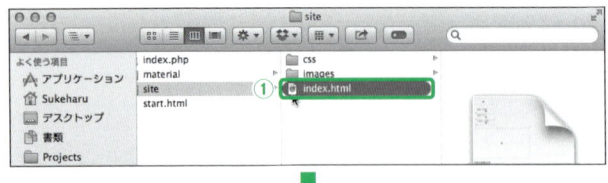

① Finder ウィンドウで、開きたい HTML ファイルをダブルクリックします。
Safari が起動してページが表示されます。

■テキストをコピー&ペーストする

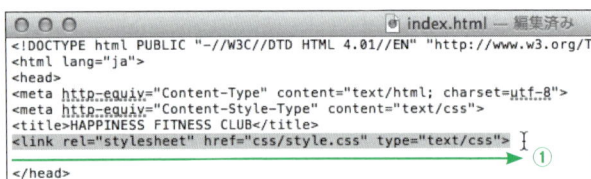

① マウスをドラッグして、コピーしたいテキストを選択します。

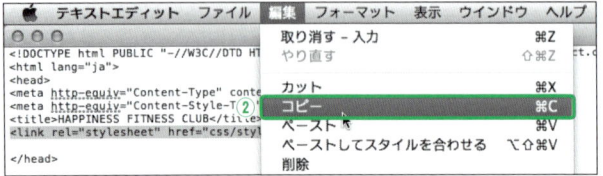

② [編集] メニュー―[コピー] を選びます。
※ または、commandキーとCキーを同時に押します。

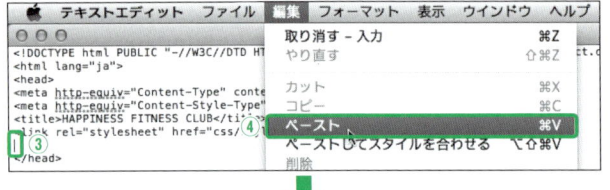

③ ペーストしたい箇所でクリックして、カーソルを移動させます。
④ [編集] メニュー―[ペースト] を選びます。
※ または、commandキーとVキーを同時に押します。

第2章 ▶

HTMLの基礎

HTMLの基礎知識
HTML5の特徴
HTMLの記述法
トップページのHTMLを作成する

HTMLの基礎知識

Webページを作るために最低限必要なのがHTMLです。ここでは、HTMLの基礎から、これからの標準規格であるHTML5の特徴まで、HTMLの基礎を紹介します。

● HTMLはコンテンツを構造化するための言語

HTML（Hyper Text Markup Language）は、Webページを作成するためのコンピュータ言語の1つです。ある文書に含まれるテキストなどのコンテンツを「タグ」で挟むことにより、そのコンテンツが見出しなのか、段落なのか、あるいはリンクなのか意味付けするのがHTMLの役割です。タグによってコンテンツに意味付けしていくことを「構造化する」と言います。詳しくは第3章で実際に使いながら解説しますが、HTMLにはいろいろなタグが定義されています。

【最も基本的なHTMLの例】

<p>こんにちは。</p>

● 基本的なHTMLタグの書式と名称

次の図はごく基本的なHTMLタグの例です。<a>は「リンク」を意味するタグです。

【HTMLタグの例】

■タグ

タグは、必ず小なり記号（<）で始まり、大なり記号（>）で終わります。多くのHTMLタグには開始タグと終了タグがあります。なお、HTMLタグは各種記号やアルファベットなどを、すべて半角で記述します。区切りのスペースも半角にします。

■開始タグ

開始タグにはタグ名と、複数の属性が含まれることがあります。タグ名と属性、属性と属性の間は半角スペースで区切ります。

■終了タグ

終了タグは、「<」にスラッシュ（/）、開始タグと同じタグ名が続き、最後が「>」で終わります。開始タグと違い、終了タグに属性が含まれることはありません。

■タグ名

タグの「意味」を表すのがタグ名です。この例では、「a」がタグ名で、「アンカーリンク」を意味します。HTMLにはいくつものタグ名が定義されています。

■属性

タグに付加的な情報を提供するのが「属性」です。タグによって使える属性が決まっています。たとえば、<a>タグにはhref属性が必須です。

■属性値

属性に設定する値です。たとえば、<a>タグのhref属性の属性値には、リンク先ページのURLを指定します。属性に続けてイコール（=）を書き、属性値を記述します。属性値は原則ダブルクオート（"）で囲むようにします。

【属性と属性値の記述のしかた】

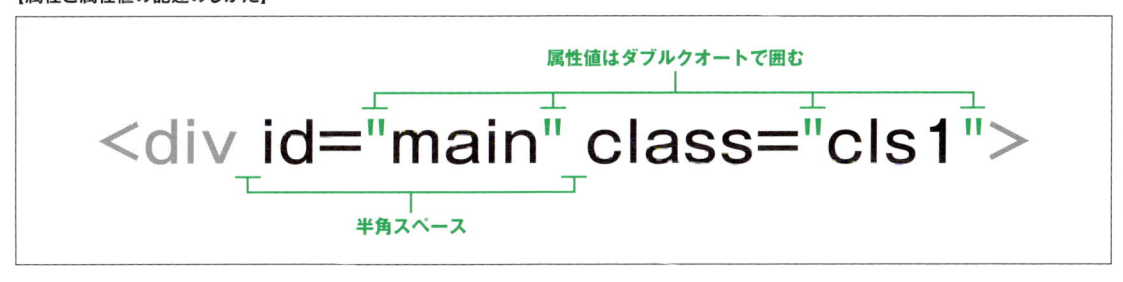

```
<div id="main" class="cls1">
```

属性値はダブルクオートで囲む
半角スペース

■要素の内容（コンテンツ）

開始タグと終了タグで囲まれた部分を「要素の内容」もしくはコンテンツと言います。要素の内容にはテキストや、ほかのタグが含まれることもあります。

■要素

開始タグ、終了タグ、要素の内容をすべてまとめて「要素」と言います。「タグ」と言ったときには<a>タグなどタグそのものを指し、「a要素」などと言う場合は、要素の内容を含んだ、開始タグから終了タグまでの全体だと考えてください。

● 空要素

タグの中には、終了タグがないものがあります。
こうした終了タグのないタグのことを「空要素」と言います。代表的な空要素には、画像を意味する <img> タグや、入力フォームのテキストフィールドなどを表示する <input> タグがあります。

【空要素の例】
```
<img src="photo.jpg" alt="画像の説明">
```

● コメント文

HTML ドキュメントの中にコメント文を残すことができます。コメント文はブラウザーには表示されないので、ソースコード中にメモなどを残すのに使用します。「<!--」～「-->」の間に書かれたテキストがコメント文になります。

【コメント文の例】
```
<!-- これはHTMLのコメントです。 -->
```

● タグの親子関係

1 つの HTML ドキュメントは多数の HTML タグで構成されています。あるタグの要素の内容に別のタグが含まれることがあり、要素と要素の間で階層関係が作られます。要素の階層関係を表す言葉として次のようなものがあります。

■ 親要素・子要素

ある要素から見てすぐ上の階層にある要素を「親要素」、すぐ下の階層にある要素を「子要素」と言います。

【親要素と子要素】

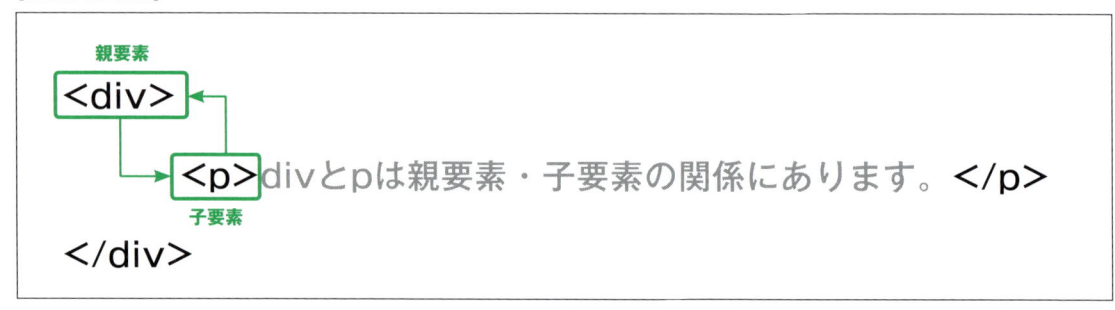

```
         親要素
        <div>
            <p>divとpは親要素・子要素の関係にあります。</p>
            子要素
        </div>
```

■ 祖先要素・子孫要素

ある要素から見て自分よりも上の階層にある要素を「祖先要素」、自分よりも下の階層にある要素を「子孫要素」と言います。

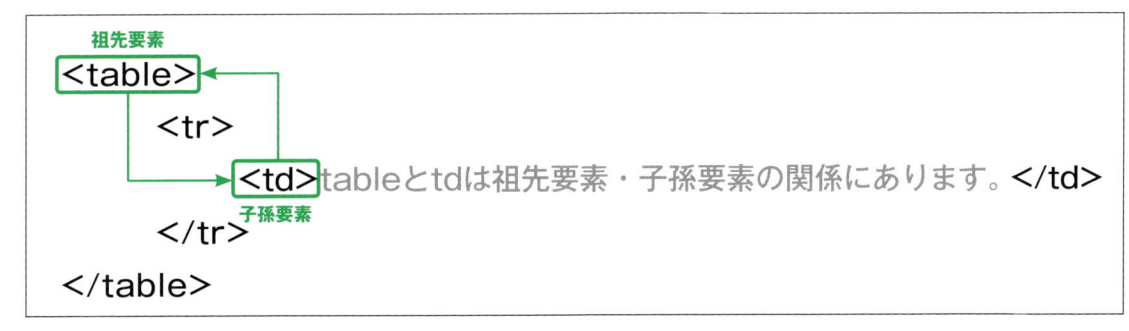

【祖先要素・子孫要素】

```
祖先要素
<table>
    <tr>
        <td>tableとtdは祖先要素・子孫要素の関係にあります。</td>
        子孫要素
    </tr>
</table>
```

■ 兄弟要素

ある要素と同階層にある要素を「兄弟要素」と言います。

【兄弟要素】

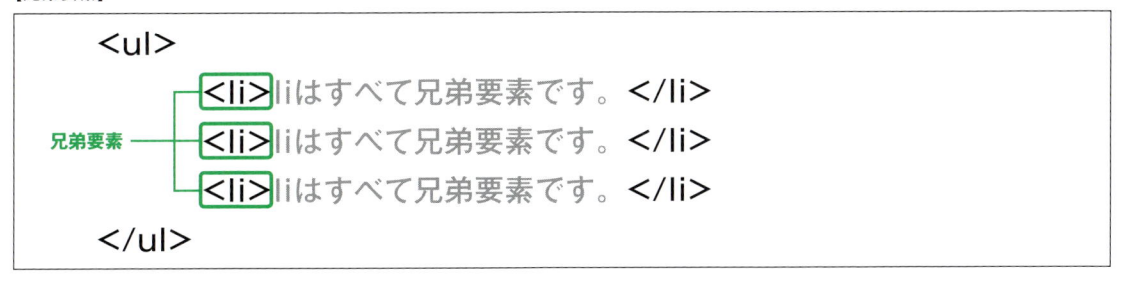

```
<ul>
    <li>liはすべて兄弟要素です。</li>
    <li>liはすべて兄弟要素です。</li>    兄弟要素
    <li>liはすべて兄弟要素です。</li>
</ul>
```

One Point　親子関係が入れ違いになるタグの記述はできない

子要素は、親要素の開始タグから終了タグの間に収まっている必要があります。親要素の終了タグよりも後ろに子要素の終了タグを書くことはできません。

【親子関係が入れ違いになっている、間違ったHTMLの例】

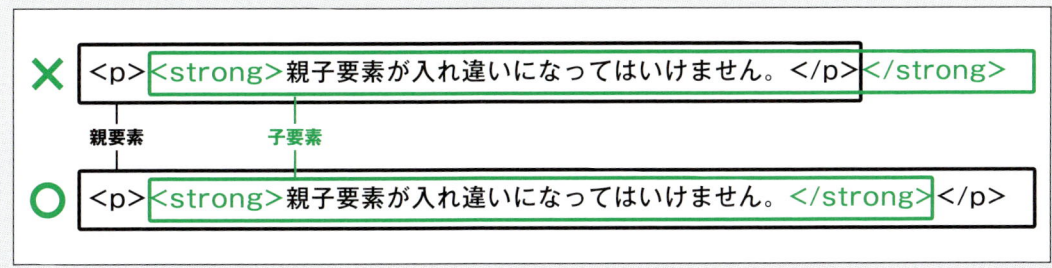

✗ `<p><strong>親子要素が入れ違いになってはいけません。</p></strong>`
　　親要素　　子要素

◯ `<p><strong>親子要素が入れ違いになってはいけません。</strong></p>`

HTML5の特徴

「Webクリエイター能力認定試験」では、HTMLの最新バージョンであるHTML5を対象にしています。HTML5は、それまでのバージョンから追加・変更された機能などが多数あります。

▶ セマンテック要素の追加

HTMLの「タグ」は、要素に意味付けをし、文書を構造化するものです。HTML5ではより的確な意味付けができるよう、複数のタグが新たに定義されました。実際の使用法については本章「HTML5で追加された、より具体的な意味を持つタグ」(P.54) を参照してください。

▶ 意味が変更されたタグ

たとえば、<strong> タグは、XHTML1.0/HTML4.01（XHTML1.0、HTML4.01 を合わせて、以下HTML4 系という）では「強調」を意味するタグでした。HTML5では「非常に重要、深刻、緊急」に意味が変更されました。意味が変更されたタグの具体的な例は、本章「意味が変更されたタグ」(P.55)を参照してください。

▶ 廃止されたタグ・属性

HTML5ではフレームが廃止されました。また、<font> タグに代表される、表示を制御するようなタグも廃止されます。それに加え、もともとあまり使われていないタグや、意味が曖昧で使用法が定まらないタグも廃止されました。

【廃止されるタグ】

<basefont>、<big>、<center>、<font>、<strike>、<tt>、<frame>、<frameset>、<noframes>、<acronym>、<applet>、<isindex>、<dir>

▶ 書式が簡素化されたタグ

XHTML1.0/HTML4.01 のタグには、書式が複雑でとても覚えていられないようなものがありました。HTML5では複雑な書式のタグが整理されています。また、XHTML1.0/HTML4.01 で必須とされていた属性の一部がHTML5では不要となるなど、全体に記述しやすくなっています。代表例として、文書型宣言と <link> タグが挙げられます。

■ 文書型宣言（DOCTYPE 宣言）

HTML ドキュメントの 1 行目に必ず記述する文書型宣言は、HTML5 で書式が簡素化されました。XHTML1.0 や HTML4.01 の文書型宣言は数種類のバリエーションがあり、記述量も多く、さらには大文字小文字も区別されるため非常に不便でしたが、HTML5 では 1 種類に統一されました。しかも、大文字小文字を区別しません。

【HTML5 の DOCTYPE 宣言】

```
<!DOCTYPE html>
```

解説 新旧文書型宣言の比較

XHTML1.0 や HTML4.01 書式で書かれた HTML を HTML5 書式に変更する場合、文書型宣言を書き替える必要があります。次の表に、代表的な文書型宣言を挙げておきます。

【代表的な文書型宣言】

文書型	ソース	備考
HTML4.01 Strict	`<!DOCTYPE HTML PUBLIC "-//W3C//DTD HTML 4.01//EN" "http://www.w3.org/TR/html4/strict.dtd">`	大文字小文字を区別する
XHTML1.0 Strict	`<!DOCTYPE html PUBLIC "-//W3C//DTD XHTML 1.0 Strict//EN" "http://www.w3.org/TR/xhtml1/DTD/xhtml1-strict.dtd">`	大文字小文字を区別する
XHTML1.0 Transitional	`<!DOCTYPE html PUBLIC "-//W3C//DTD XHTML 1.0 Transitional//EN" "http://www.w3.org/TR/xhtml1/DTD/xhtml1-transitional.dtd">`	大文字小文字を区別する
XHTML1.0 Frameset	`<!DOCTYPE html PUBLIC "-//W3C//DTD XHTML 1.0 Frameset//EN" "http://www.w3.org/TR/xhtml1/DTD/xhtml1-frameset.dtd">`	XHTML のフレーム文書型宣言。大文字小文字を区別する
HTML5	`<!DOCTYPE html>`	大文字でも小文字でもよい

■ 外部 CSS ファイルを読み込むための <link> タグの type 属性が不要に

外部 CSS ファイルを読み込むには <link> タグを使用しますが、XHTML1.0/HTML4.01 では type 属性が必須でした。HTML5 ではこれが不要になります。

【<link> タグの例】

```
<link rel="stylesheet" href="ファイルのパス.css" type="text/css">
```
                                                        ↑ 不要

2-3 第2章 ▶ HTMLの基礎

HTMLの記述法

HTMLの記述はそれほど難しくはありませんが、いくつか注意しておくべき点もあります。ここでは、HTML5で変更された書式のルールを紹介します。

▶ HTML5で記述するときの注意

文書型宣言の簡略化や一部タグの属性を記述する必要がなくなっただけでなく、HTML5 は HTML の記述ルールが緩やかになっています。

■ 基本的には XHTML1.0 形式と HTML4.0 形式のハイブリッド

HTML5 は、記述ルールの厳しい XHTML1.0 形式でも、緩やかな HTML4.01 形式でも、どちらで記述してもよいことになっています。また、両方の形式の記述法を混ぜてもかまいません。

■ 一部のタグの終了タグを省略できる

HTML4.01 の書式と同じように、<p> タグや <li> タグの終了タグを省略できます。終了タグを省略できるかどうかはタグごとに決まっています。終了タグを省略するには、どのタグなら省略できるのかを覚えていないといけないため、必ずしも省力化につながりません。本書では終了タグを省略しません。

【終了タグの省略】

ソースコード	説明	HTML4.01	XHTML1.0	HTML5	本書で採用
<p> 段落 </p>	終了タグあり	○	○	○	●
<p> 段落	終了タグを省略	○	×	○	

■ タグや属性は大文字で書いてもよい

XHTML1.0 では、タグや属性を必ず小文字で記述することになっていましたが、HTML5 では大文字小文字を区別しません。ただし、本書ではタグも属性名も小文字で記述します。

【タグや属性の大文字表記】

ソースコード	説明	HTML4.01	XHTML1.0	HTML5	本書で採用
<p> 段落 </p>	タグ名が小文字	○	○	○	●
<P> 段落 </P>	タグ名が大文字	○	×	○	
<p id="lead">	属性が小文字	○	○	○	●
<p ID="lead">	属性が大文字	○	×	○	

■ 空要素のスラッシュ（/）は不要

XHTML1.0では、<img> など空要素の最後にスラッシュ（/）を記述しておく必要がありました。HTML5ではこのスラッシュは不要です。本書では空要素のスラッシュを省略します。

【空要素のスラッシュの有無】

ソースコード	説明	HTML4.01	XHTML1.0	HTML5	本書で採用
<img src="photo.jpg">	終了のスラッシュがない	○	×	○	●
<img src="photo.jpg" />	終了のスラッシュがある	×	○	○	

■ 属性値をダブルクオートで囲む必要がない

一部の属性の値をダブルクオート(")またはシングルクオート(')で囲む必要がなくなりました。ただし、本書では属性値をダブルクオートで囲んでいます。

【属性値をダブルクオートで囲む／囲まない】

ソースコード	説明	HTML4.01	XHTML1.0	HTML5	本書で採用
<li class="list"> リスト </li>	属性値を必ずダブルクオートで囲む	○	○	○	●
<li class=list> リスト </li>	属性値をダブルクオートで囲んでいない	○	×	○	

■ ブール属性の値を省略できる

たとえば、<input type="checkbox"> タグはチェックボックスを表示します。ページが表示されたときからこのチェックボックスにチェックを付けておきたいときは、<input type="checkbox" checked> と書きます。この checked 属性は、<input> タグに追加されていれば初めからチェックが付き（checked 属性が true、真になる）、追加されていなければチェックが付きません（checked 属性が false、偽になる）。タグにその属性を含めるだけで真になる属性のことを「ブール属性」と言います。

XHTML1.0の場合、ブール属性にも必ず属性値が必要でした。HTML5では、ブール属性の属性値を省略できます。本書では、ブール属性の値を省略しています。

【ブール属性の値の省略】

ソースコード	説明	HTML4.01	XHTML1.0	HTML5	本書で採用
<input type="checkbox" checked>	ブール属性の値を省略	○	×	○	●
<input type="checkbox" checked="checked">	ブール属性の値を指定	○	○	○	

2-4 第2章 ▶ HTMLの基礎

トップページのHTMLを作成する

これからトップページのHTMLを作成します。「start」フォルダー内のindex.htmlには、HTML4.01形式のHTMLが書かれています。これをHTML5形式に書き替えます。

▶ 文書型宣言

文書型宣言をHTML5形式に書き替えます。

■ 文書型宣言を HTML4.01 形式から HTML5 形式に変更

1 ダウンロードした「webcre-standard」フォルダーの中にある「start」フォルダー内のindex.htmlをテキストエディター（またはWebページ作成ソフト）で開きます。1行目を次のように書き替えます。
　※実習中、HTMLファイル、CSSファイルを編集する際には、テキストエディターまたはWebページ作成ソフトをお使いください。

```
<!DOCTYPE html PUBLIC "-//W3C//DTD HTML 4.01//EN" http://www.w3.org/TR/html4/strict.dtd">
<html lang="ja">
<head>
<meta http-equiv="Content-Type" content="text/html; charset=utf-8">
<meta http-equiv="Content-Style-Type" content="text/css">
<title>HAPPINESS FITNESS CLUB</title>
<link rel="stylesheet" href="css/style.css" type="text/css">
</head>

<body>
...
</body>
</html>
```

⬇

```
<!DOCTYPE html>
<html lang="ja">
...
</html>
```

解説 HTMLの基本的な構造

すべてのHTMLドキュメントの1行目には文書型宣言があり、次に<html>タグが続きます。<html>には<head>タグ、<body>タグが含まれます。
このうち、<head>タグ内には、HTMLドキュメントのタイトルや使用している文字コードなど、ブラウザーウィンドウには表示されない、HTMLそのものの情報を記述します。こうした情報のことをメタ情報、またはメタデータと言います。
<body>タグ内には、実際にブラウザーに表示されるコンテンツを記述します。

【すべてのHTMLドキュメントに共通する基本構造】

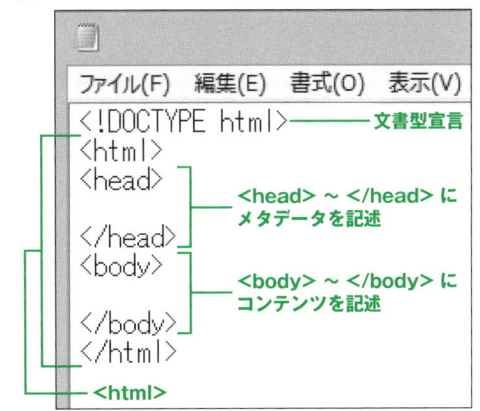

```
<!DOCTYPE html>   ─ 文書型宣言
<html>
<head>
                  ─ <head>～</head>に
</head>             メタデータを記述
<body>
                  ─ <body>～</body>に
</body>             コンテンツを記述
</html>
```
─ <html>

One Point <head>内に含まれるメタデータの内容

<head>内には、ドキュメントのタイトルを意味する<title>や、CSSファイルへのリンクを指定する<link rel="stylesheet">以外にも、次のような要素を追加することがあります。

■ページの内容を説明するテキストを追加する

<meta>タグには、次節で記述する文字エンコード方式の指定以外にもいろいろな使い方があります。<meta name="description">は、ページの内容を100字程度で説明するために使用します。Googleなど検索サイトの検索結果に表示されます。

【要約したテキストを追加する】

<meta name="description" content="ページの内容を説明するテキスト">

■ファビコンを表示する

ファビコンとは、アドレスバーやブックマークの左に表示される小さなアイコン画像のことです。ICO形式（.ico）の画像を用意して、<head>内に以下の<link>タグを追加します。
ICO形式の画像はAdobe Photoshopを含む多くの画像処理ソフトでは作れないため、一般的にはフォーマット変換サイトを利用します。詳しくは、検索サイトで「ファビコン」などのキーワードで調べてみてください。

【ファビコンを設定する<link>タグ（サンプル：c02-favicon/index.html）】

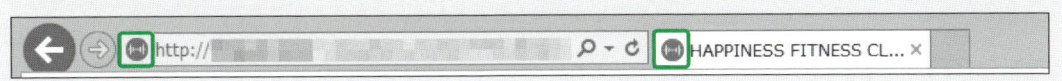

<link rel="shortcut icon" href="ファビコン画像へのパス.ico" type="image/x-icon">

※ブラウザーによっては、パソコンに保存されているデータではファビコンが表示されないことがあります。サンプルデータを確認する場合は、データをWebサーバーにアップロードしてください。

文字エンコード方式

HTML5 では、<meta> タグや <link> タグの仕様が変更されています。これらのタグを HTML5 に準拠した形式に書き替えます。

文字エンコード方式の指定

1 文字コードを指定する <meta> タグを書き替えます。

```html
<!DOCTYPE html>
<html lang="ja">
<head>
<meta http-equiv="Content-Type" content="text/html; charset=utf-8">
<meta http-equiv="Content-Style-Type" content="text/css">
<title>HAPPINESS FITNESS CLUB</title>
<link rel="stylesheet" href="css/style.css" type="text/css">
</head>

<body>
...
</body>
</html>
```

⬇

```html
<!DOCTYPE html>
<html lang="ja">
<head>
<meta charset="utf-8">
<meta http-equiv="Content-Style-Type" content="text/css">
<title>HAPPINESS FITNESS CLUB</title>
<link rel="stylesheet" href="css/style.css" type="text/css">
</head>

<body>
...
</body>
</html>
```

解説 文字エンコード方式と指定

HTML ドキュメントがどのような文字エンコード方式で作られているかは <meta> タグで指定します。<meta> タグを使うこと自体は HTML4 系でも HTML5 でも同じです。しかし、HTML5 では <meta> タグに charset 属性が追加され、記述が簡単になりました。charset 属性を使えば、HTML4 系で必要だった http-equiv 属性、content 属性を記述する必要がなくなります。

【HTML5 の文字エンコード方式の指定】

```
<meta charset="文字エンコード形式">
```

文字エンコード形式には utf-8 のほか、shift_jis、euc-jp などがあります。HTML5 ドキュメントは原則として utf-8 形式で作成します。特に理由がない限り、その他の文字エンコード方式は使用しません。

▶ 外部CSSファイルの読み込み

外部 CSS ファイルを <link> タグを使って読み込むこと自体は HTML4 系でも HTML5 でも変わりません。しかし、HTML5 では CSS ファイルの読み込みが簡素化されました。MIME タイプを指定する <meta> タグを削除し、CSS ファイルを読み込む <link> タグから type 属性を削除します。

■ 外部 CSS ファイルの読み込みに関連するタグを修正する

1 CSS の MIME タイプを指定する <meta> タグ全体と、<link> タグの type 属性を削除します。

```
...
<head>
<meta charset="utf-8">
<meta http-equiv="Content-Style-Type" content="text/css">  ——————— 削除
<title>HAPPINESS FITNESS CLUB</title>
<link rel="stylesheet" href="css/style.css" type="text/css">
</head>
...
```

⬇

```
...
<head>
<meta charset="utf-8">
<title>HAPPINESS FITNESS CLUB</title>
<link rel="stylesheet" href="css/style.css">
</head>
...
```

■ 外部 CSS の読み込み

外部 CSS ファイルを読み込むには、<link> タグを使用します。rel 属性の値は「"stylesheet"」に、href 属性には読み込みたい CSS ファイルのパスを指定します。

HTML5 では、CSS ファイルを読み込むときに MIME タイプを指定する必要がなくなりました。そのため、<link> タグの type 属性は不要です。また、CSS ファイル自体の MIME タイプを指定する <meta http-equiv="Cotent-Style-Type" content="text/css"> も不要です。

【外部 CSS ファイルを読み込むときの <link> タグの書式】

```
<link rel="stylesheet" href="CSSファイルのパス">
```

One Point ◀ MIME タイプとは

MIME タイプとは、サーバーとブラウザーの間でデータを送受信する際、そのデータがどういう種類のものなのかを指定するものです。パソコンで言えば、拡張子とほぼ同じ役割を果たします。CSS の MIME タイプは「text/css」です。

● <div>よりも具体的な意味を持つタグ

HTML5 にはいくつかの新しいタグが追加され、<div> タグよりもより具体的にコンテンツの意味付けを行えるようになりました。こうした新しい HTML5 のタグを使用して、<body> タグ内の <div> 要素を書き替えます。

■ <header> タグに書き替える

1 index.html から <div id="header"> とその終了タグを探して、<header>、</header> に書き替えます。

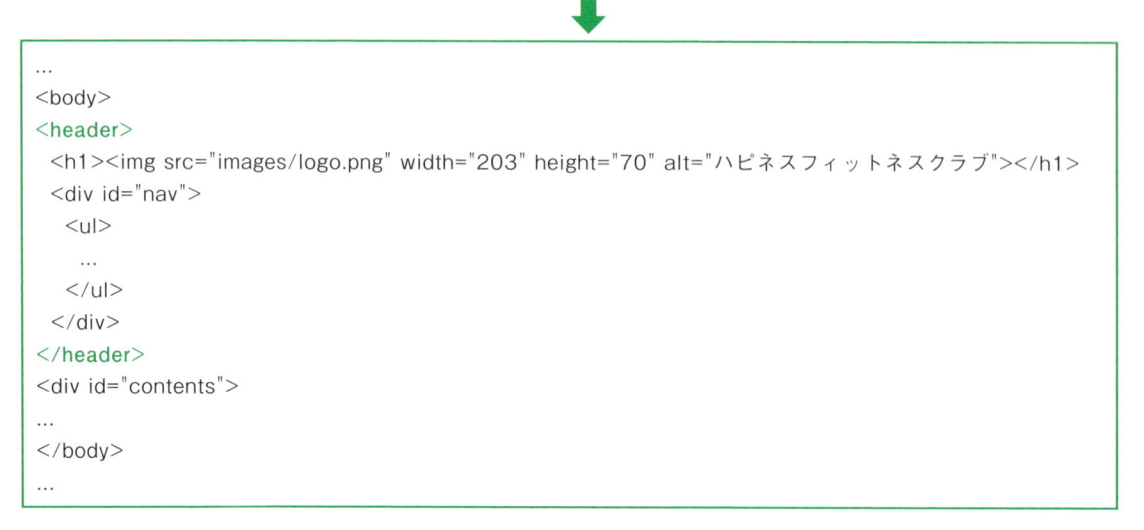

```
...
<body>
<div id="header">
  <h1><img src="images/logo.png" width="203" height="70" alt="ハピネスフィットネスクラブ"></h1>
  <div id="nav">
    <ul>
      ...
    </ul>
  </div>
</div>
<div id="contents">
...
</body>
...
```

⬇

```
...
<body>
<header>
  <h1><img src="images/logo.png" width="203" height="70" alt="ハピネスフィットネスクラブ"></h1>
  <div id="nav">
    <ul>
      ...
    </ul>
  </div>
</header>
<div id="contents">
...
</body>
...
```

■ <nav> タグに書き替える

1 index.html から <div id="nav"> とその終了タグを探して、<nav>、</nav> に書き替えます。

```
...
<header>
  <h1><img src="images/logo.png" width="203" height="70" alt="ハピネスフィットネスクラブ"></h1>
  <div id="nav">
    <ul>
      <li>...</li>
      <li>...</li>
      <li>...</li>
    </ul>
  </div>
</header>
...
```

⬇

```
...
<header>
  <h1><img src="images/logo.png" width="203" height="70" alt="ハピネスフィットネスクラブ"></h1>
  <nav>
    <ul>
      <li>...</li>
      <li>...</li>
      <li>...</li>
    </ul>
  </nav>
</header>
...
```

One Point: <header> タグ、<nav> タグ

<header> はヘッダーに含まれるコンテンツをグループ化するタグです。ヘッダーとは、一般的にはページ上部のロゴやナビゲーションが含まれる部分を指します。
また、<nav> はナビゲーションをグループ化するタグです。ナビゲーションとは、サイト内のページを行ったり来たりしやすいように、主要なページへのリンクをまとめたものです。

【index.html の完成図。<header>、<nav> が表示される場所】

■ <section> タグに書き替える

1 index.html から <div id="section"> とその終了タグを探して、<section>、</section> に書き替えます。

```
...
<header>
  ...
</header>
<div id="contents">
  <div id="main">
    ...
    <div id="section">
      <h2>今月のお知らせ</h2>
      <p>入会された方に、ミネラルウォーターをプレゼントいたします。<br>運動中の水分補給にお使いください。</p>
    </div>
  </div>
  ...
</div>
...
```

⬇

```
...
<header>
  ...
</header>
<div id="contents">
  <div id="main">
    ...
    <section>
      <h2>今月のお知らせ</h2>
      <p>入会された方に、ミネラルウォーターをプレゼントいたします。<br>運動中の水分補給にお使いください。</p>
    </section>
  </div>
  ...
</div>
...
```

■ <aside> タグに書き替える

1 index.html から <div id="aside"> とその終了タグを探して、<aside>、</aside> に書き替えます。

```
...
<div id="contents">
  <div id="main">
    ...
  </div>
  <div id="sub">
    <div id="aside">
      ...
    </div>
  </div>
</div>
...
```

➡

```
...
<div id="contents">
  <div id="main">
    ...
  </div>
  <div id="sub">
    <aside>
      ...
    </aside>
  </div>
</div>
...
```

One Point <section> タグ、<aside> タグ

<section> は「汎用セクション」と呼ばれるタグで、お知らせや記事の中の節など、コンテンツのひとまとまりをグループ化するのに使用します。
<aside> は、ページの本題とは関係のない、バナーなどをグループ化します。

【index.html の完成図。<section>、<aside> が表示される場所】

■ <footer> タグに書き替える

1 index.html から <div id="footer"> とその終了タグを探して、<footer>、</footer> に書き替えます。

```
...
<body>
...
<div id="footer">
  <p>Copyright 2014 HAPPINESS FITNESS CLUB All rights reserved.</p>
</div>
</body>
</html>
```

⬇

```
...
<body>
...
<footer>
  <p>Copyright 2014 HAPPINESS FITNESS CLUB All rights reserved.</p>
</footer>
</body>
</html>
```

2 ブラウザーで index.html を開きます。タグを書き替えたため CSS が適用されず、レイアウトが崩れています。レイアウトの崩れは、第 3 章で修正します。

One Point　<footer> タグ

<footer> はフッターに含まれるコンテンツをグループ化するタグです。フッターは一般的にはページ下部を指し、サイトの著作権情報（コピーライト）などを掲載します。

【index.html の完成図。<footer> が表示される場所】

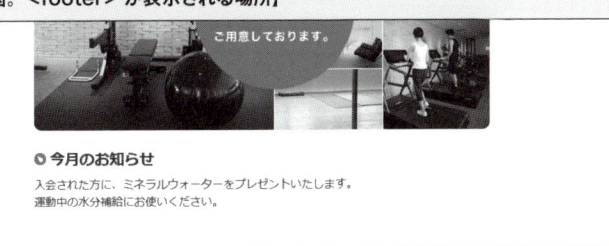

<footer> → Copyright 2014 HAPPINESS FITNESS CLUB All rights reserved.

解説　<div>タグ

<div> は「汎用ブロック」と呼ばれるタグです。<div> タグ自身は特に意味を持たず、要素をグループ化するために使用します。CSS でレイアウトを組むのに便利で多用されます。

【<div> は複数の要素をグループ化する】

```
<div id="section">
    <h2>今月のお知らせ</h2>
    <p>入会された方に...<br>
    運動中の水分補給にお使いください。</p>
</div>
```

複数の要素がグループ化される

One Point　<span> タグ

テキストをグループ化する <span> タグもあります。<div> 同様、<span> タグも特に意味を持ちませんが、<span> ～ </span> で囲まれたテキストだけ色を変えるなど、CSS を適用するために用いられます。

【<span> タグの使用例】

```
<p>本日は<span>ミネラルウォーター</span>をお配りしています。</p>
```

解説 HTML5で追加された、より具体的な意味を持つタグ

HTML4系では、ヘッダーやフッター、ナビゲーションなどはすべて`<div>`タグでグループ化し、id属性やclass属性を付けることで区別していました。HTML5では新しいタグが追加され、ページ内の役割に応じて、具体的な意味付けを行うことができるようになりました。
HTML4系のドキュメントを書き替えるときは、`<div>`の代わりに使用します。

【HTML5で新しく追加された、より具体的な意味付けができる要素】

タグ	意味
`<article>`	一個の完結したコンテンツ。ニュースサイトやブログの記事、掲示板の1つの投稿などをまとめてグループ化する
`<section>`	汎用セクション。コンテンツのひとまとまり。記事内の節などをまとめてグループ化する
`<aside>`	サブ領域やバナーなど、ページの本題とは関係のないものをまとめてグループ化する
`<nav>`	ナビゲーションの部分をグループ化する
`<header>`	ヘッダーの部分をグループ化する
`<footer>`	フッターの部分をグループ化する
`<div>`	汎用ブロック。上記のいずれにも属さないコンテンツをグループ化する

解説 id属性、class属性

id属性、class属性とも、要素に名前を付けるために使用します。どちらもすべてのタグに追加することができます。

id属性

id属性は、ページ内リンクのリンク先を特定するために使用するほか、CSSで要素を指名するためにも使われます。
id属性で付けるid名（属性値）は、1つのHTMLドキュメントにつき一度しか使用できません。また、名前に半角スペースを含めることはできません。

【id属性の使用例。idの属性値に半角スペースを含めてはいけない】

○ `<p id="lead">`この段落にはid属性「lead」が付いています。`</p>`

× `<p id="lead no.1">`この段落にはid属性「lead」が付いています。`</p>`
　　　　　　└── id属性値（id名）に半角スペースを含めてはいけない

class 属性

class 属性は、主に CSS で要素を選択するために使われます。
id 属性と違い、同じ class 名（class 属性の属性値）は、1 つの HTML ドキュメント内で何度出てきてもかまいません。また、半角スペースで区切ることにより、1 つの要素に対して複数の class 名を付けることができます。

【class 属性の使用例】

```
<ul>
    <li class="mylist">箇条書き要素1</li>
    <li class="mylist todo">箇条書き要素</li>
</ul>
```
― 複数の要素に同じ class 名を付けられる
― 半角スペースで区切って複数の class 名を付けられる

● 意味が変更されたタグ

既存のタグの中には、HTML5 で意味が変更されたものがあります。ここでは意味が変更された <small> タグを使って、フッターのコピーライト表記を記述します。

コピーライトを記述する

1 <footer> 内のコピーライト表記の前後に <small>、</small> を追加します。

```
...
<footer>
  <p><small>Copyright 2014 HAPPINESS FITNESS CLUB All rights reserved.</small></p>
</footer>
...
```

2 index.html をブラウザーで開きます。コピーライト表記の文字が小さくなっています。

```
運動中の水分補給にお使いください。


Copyright 2014 HAPPINESS FITNESS CLUB All rights reserved.
```

⬇

```
運動中の水分補給にお使いください。


Copyright 2014 HAPPINESS FITNESS CLUB All rights reserved.
```

解説 意味が変更されたタグ

HTML5 は、HTML4 系に比べて、個々のタグがより具体的な意味付けができるように、仕様変更されています。今回使用した <small> タグは、もともと「小さい字」を意味していましたが、HTML5 ではその意味が「サイドコメント」に変更されています。サイドコメントとは、コピーライトのほか、約款、記事に対する注などを指します。

【意味が変更された主なタグ】

意味が変更されたタグ	HTML4 系の定義	HTML5 の定義
<small>	小さい字	サイドコメント
<strong>	強調	非常に重要、深刻、緊急
<address>	メールアドレス	そのページ、またはページに含まれる記事に関する連絡先

One Point 文字実体参照

Web サイトを見ていると、よくコピーライトに「©」の文字が書かれています。こうした特殊な記号や、タグでも使う大なり記号（<）のように、タグの要素の内容には使えない文字は、文字実体参照を使って記述します。たとえば実習サンプルのコピーライト表記に © を加えるなら、次のようにします。

【HTML のソースコードに、「©」と書いておくと、ブラウザー上では「©」が表示される】

```
<footer>
  <p><small>Copyright &copy;2014 HAPPINESS FITNESS CLUB All rights reserved.</small></p>
</footer>
```

Copyright ©2014 HAPPINESS FITNESS CLUB All rights reserved.

【代表的な文字実体参照】

文字実体参照	表示される記号	備考
&copy;	©	コピーライト
&reg;	®	登録商標
&trade;	™	商標
&quot;	"	ダブルクオート。HTML タグの内容に「"」は使えないので、必ず文字実体参照を使用する
&gt;	>	大なり記号。HTML タグの内容に「>」は使えないので、必ず文字実体参照を使用する
&lt;	<	小なり記号。HTML タグの内容に「<」は使えないので、必ず文字実体参照を使用する
&amp;	&	アンパサンド。HTML タグの内容に「&」は使えないので、必ず文字実体参照を使用する

第3章 ▶
CSSの基礎

CSSの基礎知識

セレクター

CSSの使用・外部CSSファイルの読み込み

トップページのCSSを作成する

3-1 第3章 ▶ CSSの基礎

CSSの基礎知識

HTMLドキュメントの表示を制御するのがCSSです。ここでは、CSSの基本的な働きと書式を説明します。

● CSSはHTMLの表示を制御するための言語

CSS（Cascading Style Sheets）は、HTML にスタイル機能を提供し、表示を制御するための言語です。HTML には表示を制御する機能がなく、フォントを変えたり、複雑なレイアウトを組むようなことはできません。CSS を使えば HTML の表示を制御して、レイアウトを調整することができます。

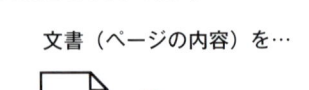

【HTMLとCSSの違い】

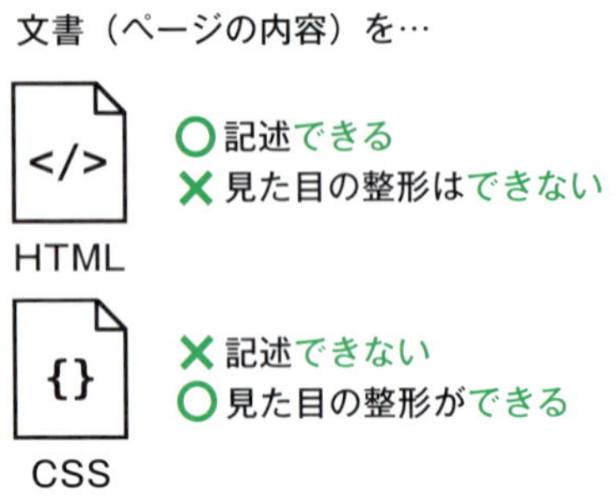

文書（ページの内容）を…

HTML
- ○ 記述できる
- × 見た目の整形はできない

CSS
- × 記述できない
- ○ 見た目の整形ができる

● CSSの基本的な仕組み

CSS は、関連する HTML ドキュメントの中から要素を選択し、その選択した要素にスタイルを適用して表示を変更します。

【CSS の基本的な仕組み】

```
HTML
<h1>見出しのテキスト</h1>
<ul>
    <li>箇条書き</li>
    <li>箇条書き</li>
</ul>
```

```
CSS
h1 {
    color: green;
}
```

見出しのテキスト
・箇条書き
・箇条書き

要素を選択　　　スタイルを適用

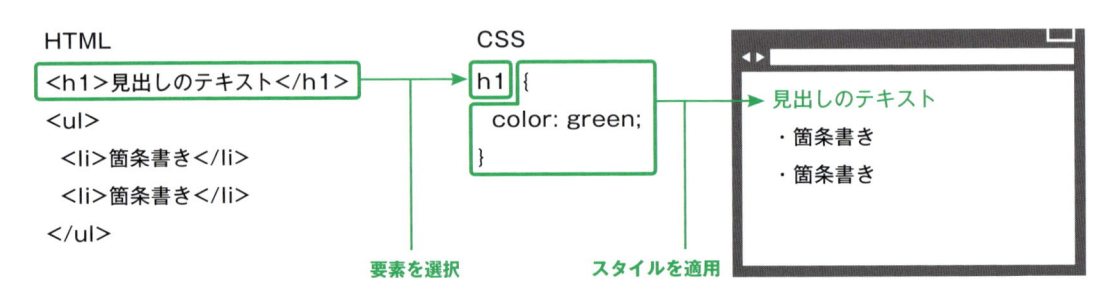

● CSSの基本的な書式と各部の名称

次のソースは典型的な CSS の書式です。<h1> に対して背景色とテキスト色を指定しています。この例を見ながら、各部の名称と役割を説明します。

【CSS の書式と各部の名称】

```
                    ルール（ルールセット）
 セレクター                        宣言ブロック
  h1 {
      background-color: #FFFAF0;
      color: #FFFFFF;
  }
      プロパティ      プロパティ値      宣言（スタイル宣言）
```

■ ルール（ルールセット）
ルールは、セレクターと宣言ブロックがセットになったものです。一部のプロパティ値を除き、CSS のルールは、アルファベット、コロン（:）、セミコロン（;）、スペースなどの記号も含めてすべて半角で記述します。

■ セレクター
HTML ドキュメントから特定の要素を選択するのが「セレクター」です。セレクターには「パターン」と呼ばれる、要素を選択する条件が定義されています。図の例では、HTML ドキュメントに含まれるすべての h1 要素を選択して、宣言ブロックに書かれたスタイルを適用します。

■ 宣言ブロック
開始波カッコ（{）から終了波カッコ（}）までを「宣言ブロック」と言い、セレクターで選択した要素に適用するスタイルを記述します。

■ プロパティ
「フォントを指定する」「テキスト色を変更する」など、CSS で操作できるスタイルそれぞれに「プロパティ」が定義されています。図の例では、「background-color」「color」がプロパティにあたり、それぞれ h1 要素の背景色、テキスト色を指定します。

■ プロパティ値
プロパティに設定する値です。たとえば、背景色やテキスト色のプロパティであれば、値に色を指定します。プロパティとプロパティ値の間にはコロン（:）が必ず入ります。また、プロパティ値の後ろには必ずセミコロン（;）が付きます。

■ 宣言（スタイル宣言）
プロパティとその値をまとめて、「宣言」または「スタイル宣言」と呼びます。必ずプロパティとプロパティ値はセットで記述します。

▶ コメント文

CSS ドキュメントにコメントを残すことができます。コメント文は CSS としては解釈されず、表示にはまったく影響を及ぼしません。「/*」から「*/」にコメントを書きます。

【コメント文の例】

```
/* ここにコメントを書きます。 */
/*
コメント中に改行しても問題ありません。
*/
```

▶ @ルール

アットマーク（@）で始まる、セレクターのない「@ ルール」というものがあります。代表的なものに、CSS ドキュメントの文字コードを指定する @charset ルール、別の CSS ファイルを読み込む @import ルールがあります。@import ルールは本章の「CSS の使用・外部 CSS ファイルの読み込み」(P.62) で詳しく取り上げます。

【CSS ドキュメントの文字エンコードが UTF-8 であることを明示する例】

```
@charset "utf-8";
```

※「utf-8」は大文字でも小文字でもよい

▶ 読みやすいCSSの記述

あとで CSS を編集してデザインを少し変えたくなることはよくあります。そういうときのために、CSS を記述するときは、適宜改行したり、半角スペースを入れたりして、読みやすくすることを心がけましょう。波カッコ、コロン、セミコロンの前後などに半角スペースや改行を入れます。一般的には次のように記述します。本書の CSS も同じように記述しています。

【一般的な CSS ルールの記述例】

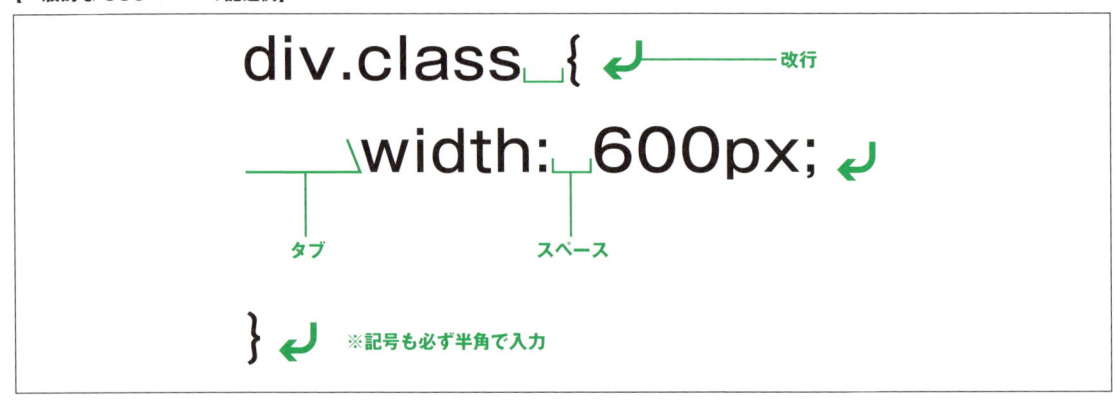

```
div.class {
    width: 600px;
}
```

タブ、スペース、改行 ※記号も必ず半角で入力

セレクター

CSSは、HTMLドキュメントから要素（タグとその内容）を選択して、スタイルを適用します。HTMLドキュメントから要素を選択するのがセレクターです。

● セレクターのパターン

セレクターには「パターン」と呼ばれる条件が多数定義されています。セレクターの条件に適合し、HTMLドキュメント内の要素が選択されることを「パターンにマッチする」と言います。パターンにマッチした要素には、CSSの宣言ブロックで定義されたスタイルが適用されます。
代表的なセレクターのパターンには次のようなものがあります。

【セレクターのパターン】

パターンの書式	説明	パターン名
*	すべてのタグにマッチ	ユニバーサルセレクター（全称セレクター）
タグ名	同名のタグにマッチ	タイプセレクター
#id属性	同名のid属性が付いた要素にマッチ	IDセレクター
E#id属性	同名のid属性が付いた要素Eにマッチ	
E.class属性	同名のclass属性が付いた要素Eにマッチ	クラスセレクター
E:link	要素Eがリンクで、かつリンク先が未訪問の場合にマッチ	リンク擬似クラス
E:visited	要素Eがリンクで、かつリンク先が訪問済みの場合にマッチ	
E:hover	要素Eにマウスポインタがロールオーバーしている状態にマッチ	ユーザーアクション擬似クラス
E:active	要素Eのコンテンツ（テキストなど）の上でマウスボタンが押されている状態にマッチ	
E:focus	テキストフィールドなどの要素Eが選択されている状態にマッチ	
E F	親要素Eの子孫要素Fにマッチ	子孫コンビネータ（子孫セレクター）
セレクター1, セレクター2	セレクター1、またはセレクター2にマッチする要素。カンマで区切って複数のセレクターを指定する	セレクターのグループ化

※ E、Fは何らかのセレクター

CSSの使用・外部CSSファイルの読み込み

HTMLにCSSを適用するにはいくつかの方法があります。実際のWebサイト制作では、HTMLとは別にCSSファイルを用意するのが一般的ですが、HTMLに直接記述する方法もあります。

● CSSを適用する3つの方法

HTMLドキュメントにCSSを適用するには、大きく分けて次の3通りの方法があります。このうち、実際のWebサイト制作では、ほとんどの場合外部CSSファイルを用意する方法をとります。

・HTMLタグにstyle属性を追加する
・HTMLドキュメントの<head>内に<style>タグを追加する
・外部CSSファイルを用意して、HTMLファイルから読み込む

● HTMLタグにstyle属性を追加する

すべてのタグにはstyle属性を追加することができます。style属性の値に「プロパティ:値;」をダブルクオートで囲んで記述します。タグに直接CSSを適用するため、どこにどんなスタイルを記述したのか分かりづらくなります。実際にWebサイトを制作するときには極力使用しないでください。

【style属性の使用例 (サンプル:c03-attribute.html)】

```
<p>ここはstyle属性が追加されていない通常の段落
です。</p>
<p style="color:#008800;font-size:12px;" >テキ
スト色とフォントサイズが変わります。</p>
```

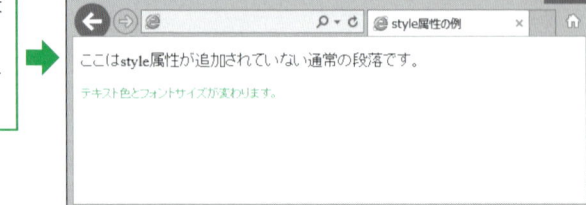

● <style>タグを使用する

HTMLドキュメントの<head>内に<style>タグを追加して、その要素の内容にCSSを記述します。style属性同様、<style>タグも実際のWebサイト制作ではあまり使用しません。ただし、非常に高度なWebサイト制作では、ページの表示速度を速くしたいときに利用することもあります。

【<style> タグの使用例（サンプル：c03-element.html）】

```
<!DOCTYPE html>
<html>
<head>
<meta charset="utf-8">
<title>style要素を使用した例</title>
<style>
p {
  background-color: #008800;
  color: #ffffff;
}
</style>
</head>
<body>
<p>この部分の背景色とテキスト色が変わります。
</p>
</body>
</html>
```

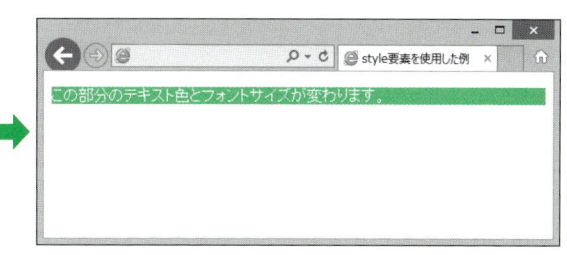

● 外部CSSファイルを読み込む①～<link>タグを使用する～

外部 CSS ファイルを読み込む方法は、さらに 2 通りに分けられます。そのうちの 1 つが、HTML ドキュメントに <link> タグを記述する方法です。HTML に CSS を適用する最も一般的な方法です。

【<link> の使用例。link.html から style.css を読み込む（サンプル：c03-link/link.html）】

【link.html】

```
<!DOCTYPE html>
<html>
<head>
<meta charset="utf-8">
<title>link要素でCSSを読み込む</title>
<link rel="stylesheet" href="style.css">
</head>
<body>
<p>link要素でstyle.cssを読み込んでいます。</p>
</body>
</html>
```

【style.css】

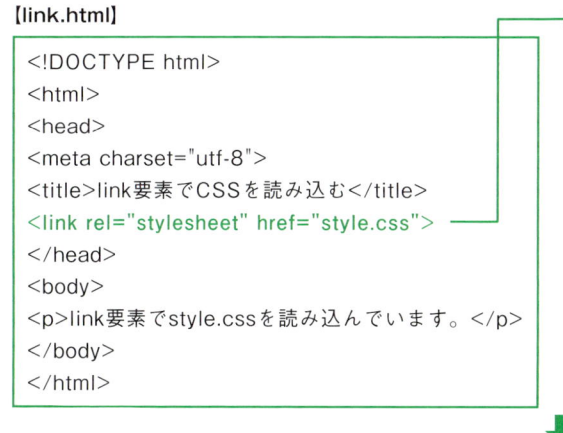

```
@charset "utf-8";
p {
  border: 3px solid #008800;
}
```

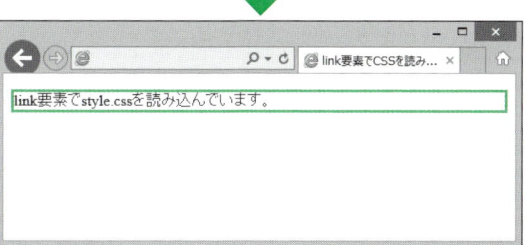

外部CSSファイルを読み込む②〜@importルールを使用する〜

<link> タグを使わず、CSS の @import を使って外部 CSS ファイルを読み込むこともできます。HTML ドキュメントの <style> タグ内、もしくはすでに読み込まれた外部 CSS ファイルから、さらに別の CSS ファイルを読み込む方法です。<link> タグを使用するのに比べ CSS ファイルの読み込み速度が遅くなることがあるため、使用頻度はそれほど多くありません。

【@import の使用例。import.html から style1.css を、style1.css から style2.css を読み込む（サンプル：c03-import/import.html）】

① import.html から style1.css を読み込む

【import.html】

```
<!DOCTYPE html>
<html>
<head>
<meta charset="utf-8">
<title>@importの使用例</title>
<style>
@import url(style1.css);
</style>
</head>
<body>
<p>@importの使用例です。</p>
</body>
</html>
```

② 読み込まれた style1.css から、さらに style2.css を読み込む

【style1.css】

```
@charset "utf-8";
@import url(style2.css);
p {
  background-color: #008800;
  color: #ffffff;
}
```

③ style2.css が読み込まれる

【style2.css】

```
@charset "utf-8";
p {
  padding: 16px;
}
```

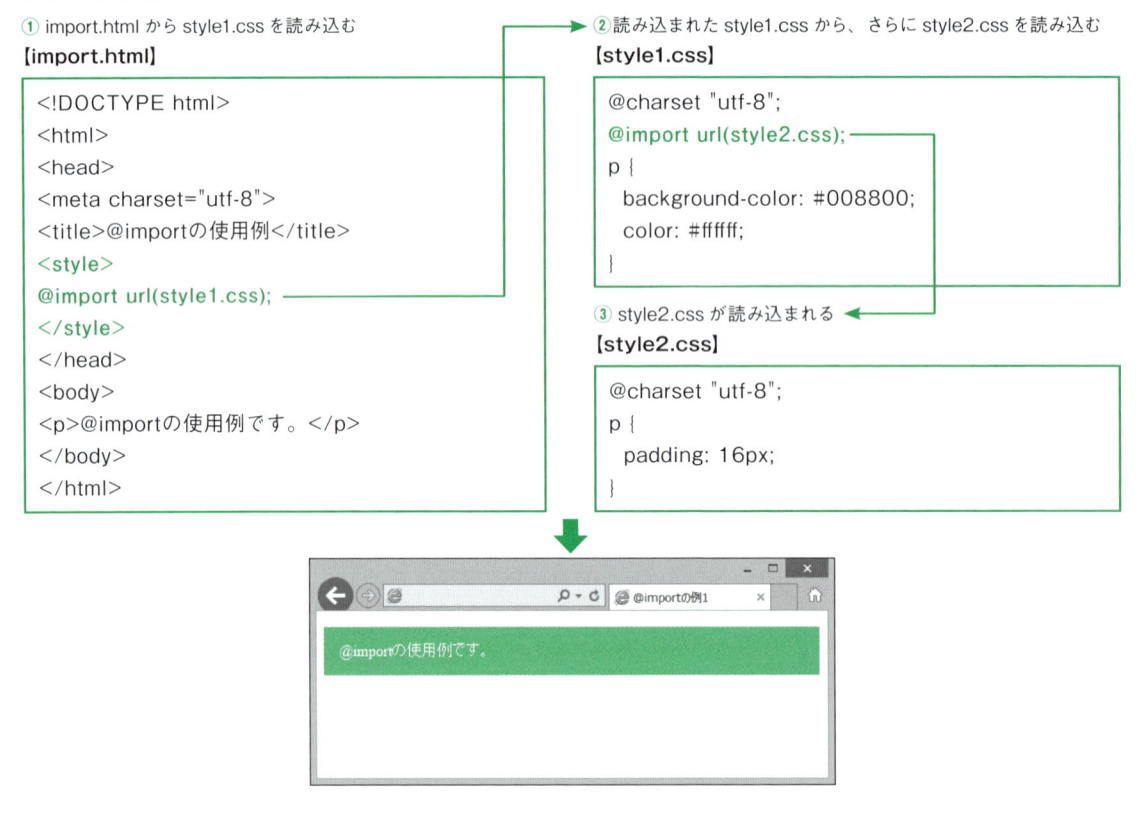

【@import の書式】

@import url(読み込むCSSファイルのパス);

トップページのCSSを作成する

これからCSSを編集して、第2章で作成したindex.htmlのスタイルを調整します。基本レイアウトの部分を中心に実習します。

▶ セレクターを変更する

第2章で、<div id="header"> や <div id="nav"> など、id属性が付いている<div>タグをHTML5の新しいタグに書き替えた部分があります。書き替えたタグにはCSSが適用されていません。これは、タグが変わってしまったことで、CSSのセレクターがうまく要素を選択できなくなったからです。CSSを編集して、スタイルが適用されるようにします。

【この実習で書き替える主なセレクター】

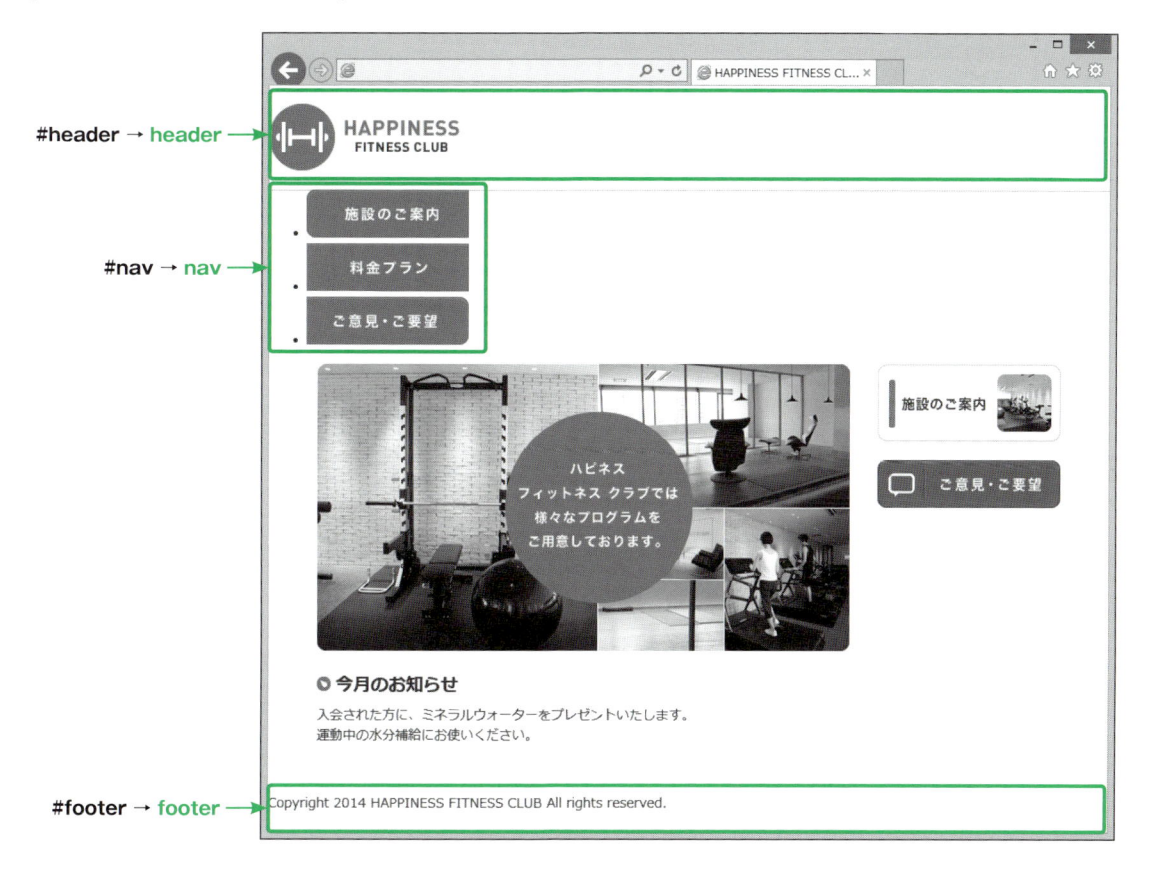

#header → header

#nav → nav

#footer → footer

■ <header> タグにマッチするセレクターに書き替える

1 「css」フォルダにある「style.css」をテキストエディターで開きます。セレクターが「#header」になっているところを 2 箇所探して、「header」に書き替えます。

【style.css】

```css
@charset "utf-8";

/* 基本レイアウト ここから↓ */
@import url(common.css);
#header {
  width: 800px;
  height: 70px;
  margin: 20px auto 40px auto;
  position: relative;
}
#header h1 {
  margin : 0;
  position: absolute;
}
...
```

⬇

【style.css】

```css
@charset "utf-8";

/* 基本レイアウト ここから↓ */
@import url(common.css);
header {
  width: 800px;
  height: 70px;
  margin: 20px auto 40px auto;
  position: relative;
}
header h1 {
  margin : 0;
  position: absolute;
}
...
```

2 ブラウザーで表示を確認します。ヘッダー領域に CSS が適用されるようになります。ただ、ほかの部分の CSS がまだ適用されていないため、レイアウトは崩れています。

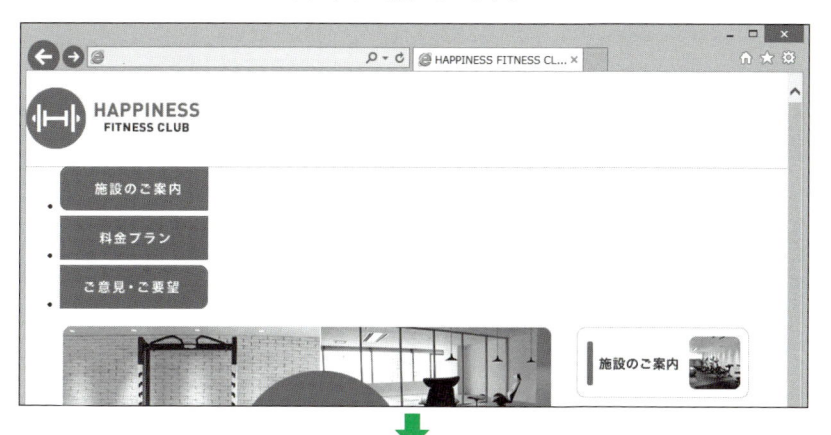

One Point ヘッダー領域の CSS

セレクターを編集することにより、<header> と、その子要素である <h1> に CSS が適用されるようになります。これらに適用される CSS には、表示領域（ボックス）の幅や高さを設定するプロパティや、ロゴ画像を表示している <h1> を位置を指定して配置するプロパティが含まれています。
ボックスについては第 4 章「ボックスモデル」（P.94）、位置指定による配置は第 4 章「ページのレイアウトに使われる float、clear 以外の方法」（P.118）で取り上げます。

■ `<nav>` タグにマッチするセレクターに書き替える

1 セレクターが「#nav」になっているところを 3 箇所、「nav」に書き替えます。

【style.css】

```css
@charset "utf-8";

/* 基本レイアウト ここから↓ */
...
#nav {
  position: absolute;
  right: 0;
}
#nav ul {
  list-style-type: none;
  overflow: hidden;
}
#nav ul li {
  float: left;
}
...
```

⬇

【style.css】

```css
@charset "utf-8";

/* 基本レイアウト ここから↓ */
...
nav {
  position: absolute;
  right: 0;
}
nav ul {
  list-style-type: none;
  overflow: hidden;
}
nav ul li {
  float: left;
}
...
```

2 ブラウザーで表示を確認します。ナビゲーション領域にCSSが適用されるようになります。

One Point ナビゲーション領域のCSS

ナビゲーションの各ボタンは<ul>、<li>で記述されています。ナビゲーションに適用されるCSSには、箇条書きのスタイルを編集するプロパティと、フロート機能が主に使われています。箇条書きに関連するCSSは第4章「list-style-typeプロパティ」(P.123)、フロート機能については第4章「floatプロパティ」(P.110)などで取り上げています。

■ <footer> タグにマッチするセレクターに書き替える

1 セレクターが「#footer」になっているところを 1 箇所、「footer」に書き替えます。

【style.css】

```css
@charset "utf-8";

/* 基本レイアウト ここから↓ */
...
#footer p {
  margin-bottom: 0;
  padding: 14px 0 14px 0;
  background-image: url(../images/bg_footer.png);
  background-repeat: repeat-x;
  text-align: center;
}
/* 基本レイアウト ここまで↑ */
...
```

【style.css】

```css
@charset "utf-8";

/* 基本レイアウト ここから↓ */
...
footer p {
  margin-bottom: 0;
  padding: 14px 0 14px 0;
  background-image: url(../images/bg_footer.png);
  background-repeat: repeat-x;
  text-align: center;
}
/* 基本レイアウト ここまで↑ */
...
```

2 ブラウザーで表示を確認します。フッター領域に CSS が適用されるようになります。

解説 IDセレクターとタイプセレクター

ID セレクターは、タグの ID 属性にマッチするセレクターです。ID セレクターはシャープ（#）で始まります。
タイプセレクターは、タグ名にマッチして、該当する要素すべてを選択するセレクターです。今回の実習では、ID セレクターをタイプセレクターに書き替えています。

【IDセレクターとマッチする要素】

```
index.html                      style.css

<div id="header">               #header {
  <h1>...</h1>      id属性にマッチ    ...
  ...                           }
</div>
```

【タイプセレクターとマッチする要素】

```
index.html                      style.css

<header>                        header {
  <h1>...</h1>      タグ名にマッチ    ...
  ...                           }
</header>
```

解説 子孫コンビネータ（子孫セレクター）

複数のセレクターを半角スペースで区切って列挙することで、ある要素の子要素や孫要素を選択することができます。こうしたセレクターを「子孫コンビネータ」と言います。子孫コンビネータは、長らく「子孫セレクター」と呼ばれていましたが、最新の CSS で改名されました。本書では混乱を避けるため「子孫セレクター」と呼んでいます。

【子孫セレクターとマッチする要素】

```
index.html                              style.css

<header>
  <h1>...</h1>
  <nav>
    <ul>          <nav>の子要素         nav ul {
      <h1>...</h1>  <ul>にマッチ           ...
      ...                               }
    </ul>
  </nav>
</header>
```

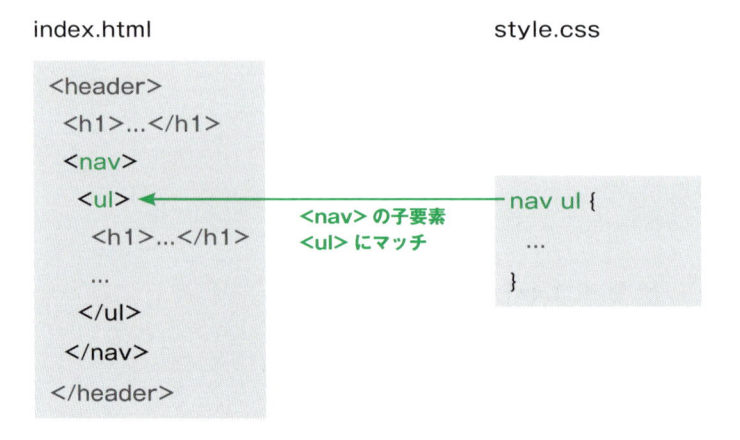

● ナビゲーション領域にロールオーバーのスタイルを設定する

ナビゲーション領域の各リンク項目にマウスポインタがロールオーバーすると、表示が変わるようにします。具体的には、<a> の透明度を変えるようにします。

■ リンク擬似クラスを使用する

1 style.css の「nav ul li」がセレクターになっているルールの下に、ロールオーバー時の CSS を追加します。

【style.css】

```
...
/* 基本レイアウト ここから↓ */
...
nav ul li {
  float: left;
}
nav ul li a:hover {
  opacity: 0.7;
}
footer p {
  ...
}
/* 基本レイアウト ここまで↑ */
...
```

2 ブラウザーで動作を確認します。ナビゲーション領域の各リンクにマウスポインタが重なると透明度が変わります。

【通常時】

【ロールオーバー時】

解説 リンク擬似クラス・ユーザーアクション擬似クラス（ダイナミック擬似クラス）

CSS のセレクターにはリンク擬似クラスやユーザーアクション擬似クラス（両方合わせてダイナミック擬似クラス）という、少し特殊なクラスがあります。今回使用したのは :hover 擬似クラスで、これは「要素にマウスポインタが重なっている（ロールオーバーしている）」ときにマッチします。
ダイナミック擬似クラスは全部で 5 種類あります。

【ダイナミック擬似クラス】

:link	テキストリンク	・要素がリンク ・リンク先URLが 未訪問
:visited	テキストリンク	・要素がリンク ・リンク先URLが 訪問済み
:focus	テキストリンク	・要素が選択されている
:hover	テキストリンク	・要素にマウスポインタが 　ロールオーバーしている
:active	テキストリンク	・要素の上でマウスボタン 　が 押されている

ダイナミック擬似クラスを使用する場合は、CSS にルールを記述する際、必ず次の順番で記述する必要があります。この順番で記述していないと、思ったようにスタイルが適用されないことがあります。

【ダイナミック擬似クラスの記述順】

```
a { ... }
a:link { ... }
a:visited { ... }
a:focus { ... }
a:hover { ... }
a:active { ... }
```

> **Accessibility Note** <a> に :focus 擬似クラスを設定すると
>
> マウス操作が難しい利用者でも Web サイトの閲覧ができるように、ブラウザーは tab キーやカーソルキーでリンクを選択できるようになっています。<a> に :focus 擬似クラスが設定されている場合、キーボード操作でそのリンク要素を選択したときのスタイルを指定できます。
>
> 【focus 擬似クラスを設定した例（サンプル：c03-focus.html）】
> 【c03-focus.html】
>
> ```
> ...
> <head>
> ...
> <style>
> a:link { color: #ff0000; }
> a:visited { color: #0000ff; }
> a:focus { background-color: #ff9900;color: #ffffff; }
> a:hover { color: #ff9900; }
> a:active { color: #cc6600; }
> </style>
> </head>
> <body>
> <p><a href="#">テキストリンク</a></p>
> </body>
> </html>
> ```
>
> 【tab キーを押してリンクを選択した状態】

解説 opacityプロパティ

opacity は、ボックスの透明度を指定するプロパティです。値は 0 から 1 の間で、小数点で指定します。値が 0 のとき完全に透明、1 のとき完全に不透明になります。

【opacity プロパティの書式】

```
opacity:透明度;
```

※透明度は 0〜1 の値

● フォントサイズを変更する

CSS でフォントサイズを変更します。

■コピーライトにスタイルを適用する

フッター領域のコピーライトは、<small> で挟んだことによりフォントサイズが小さくなっています。これを通常のサイズに戻します。

1 style.css の「footer p」がセレクターになっているルールの下に、CSS を追加します。

【style.css】

```
...
/* 基本レイアウト ここから↓ */
...
footer p {
  ...
}
footer small {
  font-size: 100%;
}
/* 基本レイアウト ここまで↑ */
...
```

2 ブラウザーで表示を確認すると、コピーライトのテキストが少し大きくなっています。

【編集前】

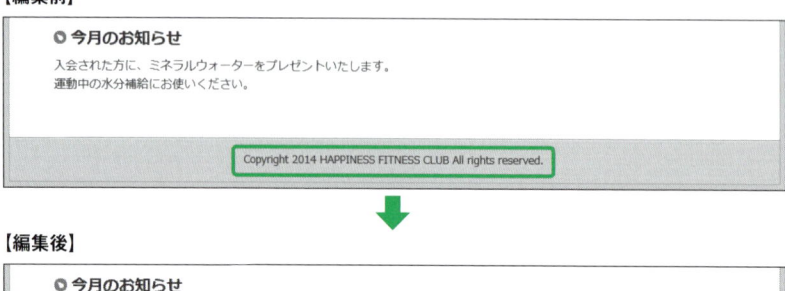

【編集後】

解説 font-sizeプロパティ

font-size は、フォントのサイズを指定するプロパティです。いろいろな値が使用できます。今回使用したのは「%」です。<small> のフォントサイズを「100%」にした場合、その親要素（<p>）のフォントサイズと同じになります。

【font-size プロパティの値】

値	説明
数値＋単位	数値でサイズを指定 ※単位については次の「解説　プロパティ値の単位」を参照
数値＋%	親要素のフォントサイズに対する割合
xx-small	非常に小さい
x-small	小さい
small	標準より小さい
medium	標準
large	標準より大きい
x-large	大きい
xx-large	非常に大きい
larger	より大きく
smaller	より小さく

■ その他フォント関係のプロパティ

font-size 以外にも、フォントの表示を操作する CSS プロパティがあります。

● font-style プロパティ

フォントをイタリック（italic）やオブリーク（oblique）で表示するかどうかを決めるプロパティです。日本語には一般的に斜体がないため、通常のフォントをコンピュータが斜めに傾けて表示します。日本語の Web サイトではあまり使われません。

【font-style プロパティの主な値と表示結果】

プロパティ値	説明	表示結果
normal	通常のフォントで表示する	Normal Style 日本語の表示
italic	イタリック体で表示する。一般的には、初めから斜めに傾いたデザインで作られたフォントを指す。フォントにイタリックがない場合はコンピュータで斜めに変形して表示する	*Italic Style* 日本語の表示
oblique	オブリーク体で表示する。一般的には、通常のフォントを斜めに傾けたフォントを指す	*Oblique Style* 日本語の表示

※ italic、oblique の区別は厳密ではない

● font-weight プロパティ

フォントの太さを決めるプロパティです。代表的なプロパティ値には次の4種類があります。そのうち、実際によく使われるのは normal、bold です。

【font-weight プロパティの主な値と表示結果】

プロパティ値	説明	表示結果の例
normal	通常の太さのフォントで表示	Normal
bold	太いフォントで表示	**bold**
bolder	親要素に指定されているフォントより1段階太いフォントで表示	状況による
lighter	親要素に指定されているフォントより1段階細いフォントで表示	状況による

● font-family プロパティ

表示するフォントの種類を決めるプロパティです。フォント名をカンマで区切って指定します。

【一般的なゴシック体を指定する font-family の使用例】

font-family: "ヒラギノ角ゴ Pro W3","Hiragino Kaku Gothic Pro","メイリオ ",Meiryo,Osaka, "MS Pゴシック","MS PGothic",sans-serif;

One Point 一般フォントファミリー

font-family プロパティの先の使用例で最後に指定した sans-serif は「一般フォントファミリー」と呼ばれるキーワードです。指定したフォントが1つも見つからなかったとき（ページを閲覧しているパソコンに指定したフォントがインストールされていなかったとき）は、一般フォントファミリーで表示します。

【一般フォントファミリーのキーワード】

キーワード	説明	表示例
sans-serif	サンセリフ書体。日本語フォントではゴシック体	sans-serif サンセリフ
serif	セリフ書体。日本語フォントでは明朝体	serif セリフ
monospace	等幅書体	monospace 等幅
cursive	手書きのような書体	cursive 手書き
fantasy	装飾文字	fantasy 装飾

● font プロパティ

font-size、font-style、font-weight、font-family などのプロパティを一括で指定するプロパティです。書式が煩雑でわかりづらく、値を省略するとデフォルト値にリセットされるなど動作も独特で、非常に使いづらいため通常は使用しません。

【font プロパティの書式（主要部分のみ）】

font: フォントスタイル 大文字小文字の区別 フォントの太さ フォントサイズ/行の高さ フォントファミリー;

解説 プロパティ値の単位

font-size に限らず、大きさや長さを指定するプロパティの値は、多くの場合「数値＋％」または「数値＋単位」にします。代表的な単位は、em（エム）、pt（ポイント）、px（ピクセル）の３つです。今回の例で、font-size に指定する値を「100%」ではなく「12px」にする場合は、次のように記述します。なお、数値が「0」の場合、単位を付ける必要はありません。

【font-size の値を 12px にした場合のソースコードと結果。上は font-size が 100% のときの結果】

```
footer small {
  font-size: 12px;
}
```

【プロパティ値に使われる代表的な単位】

単位	呼び方	説明
em	エム	1文字分のサイズ
pt	ポイント	1ポイント＝1/72インチ
px	ピクセル	ピクセルとは画素のこと。1ピクセル＝モニタディスプレイの1つの点

One Point　HTML・CSS バリデーション

ブラウザーで確認してみると、HTML がまったく表示されなかったり、CSS が思ったように適用されなかったりすることがあります。原因はいろいろ考えられますが、まずは HTML タグや CSS ルールに記述ミスがないかどうかを確かめます。確認にはバリデーションサービスを使います。バリデーションとは「検証」のことで、HTML や CSS が規格に準拠して正しく記述されているかチェックすることを指します。バリデーションサービスは、HTML や CSS の規格を定めている団体、W3C が提供しています。

使い方は簡単で、検証したいファイルを選んでアップロードするか、公開されているページであれば URL を入力するだけです。

【Markup Validation Service】
http://validator.w3.org/

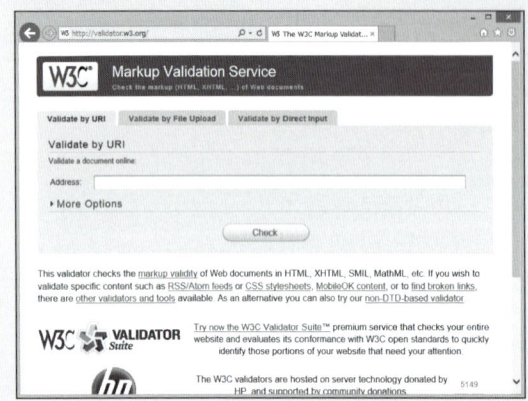

【CSS Validation Service】
http://jigsaw.w3.org/css-validator/

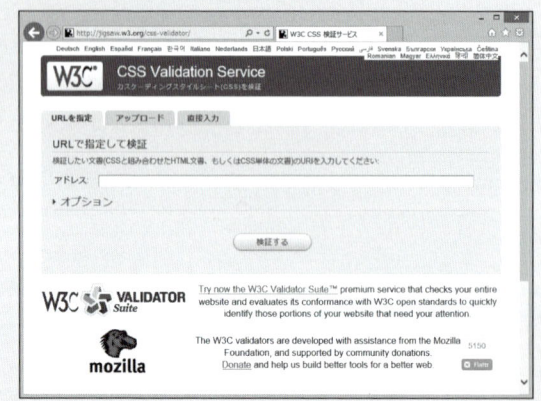

ただし、HTML バリデーションサービスは、日本語の Web ページを検証することはできるものの、サービス自体は日本語化されていません。とはいえ、HTML の間違いを探すだけなので、日本語でなくてもあまり苦労しないはずです。

■バリデーションをソースコードの品質維持に生かすケースも

Web 制作会社やクライアント企業によっては、ソースコードの品質を維持する目的で、Web サイト公開・データ納品前に HTML・CSS のバリデーションを義務付けているところがあります。練習の一環として、自分で作成した Web ページをバリデーションサービスにかけてみるのもよいでしょう。

第4章 ▶ 各ページの作成

「施設のご案内」ページ作成の準備をする
各ページに共通する部分のHTMLを作成する
各ページに共通する部分のCSSを作成する
テキストと画像が含まれたメイン領域を作成する
箇条書きを追加する
画像を挿入する
CSSを編集して画像にテキストを回り込ませる
箇条書きの前で回り込みを解除する
箇条書きのスタイルを変更する

4-1 「施設のご案内」ページ作成の準備をする

第4章 ▶ 各ページの作成

第2、3章で作成したトップページ（index.html）を複製して、「施設のご案内」ページを作成します。

▶ トップページを複製する

まず、トップページのファイルを複製して、「施設のご案内」ページを作成します。このページを基本ページ（フォーマットページ）にして、あとでさらにファイルを複製します。

■施設のご案内ページを準備する（Windows）

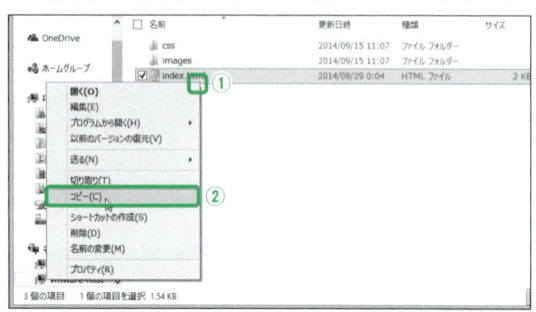

① エクスプローラーで「start」フォルダーの「index.html」を右クリックします。
② ポップアップメニューから［コピー］を選択します。

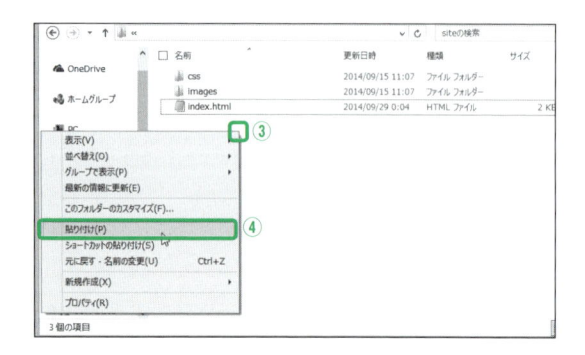

③ 次いでウィンドウ内でもう一度右クリックします。
④ ポップアップメニューから［貼り付け］を選択します。

⑤ 新しくできたファイルのファイル名を「info.html」にします。

■ 施設のご案内ページを準備する（Mac）

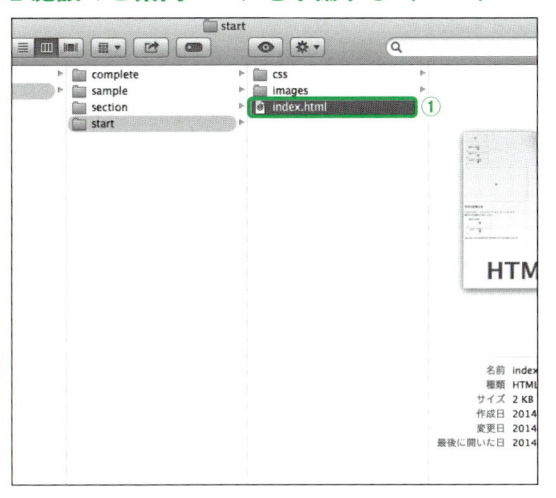

① Finder ウィンドウで「start」フォルダーの「index.html」を選択します。

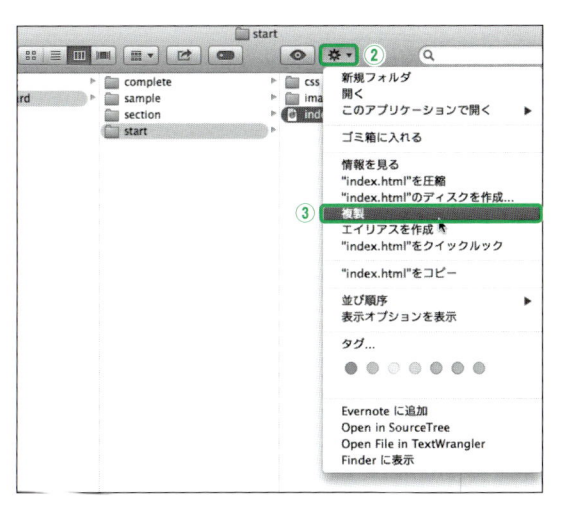

② [⚙] ボタンをクリックします。
③ プルダウンメニューから [複製] を選択します。

④ 新しくできたファイルのファイル名を「info.html」にします。

4 各ページの作成

各ページに共通する部分のHTMLを作成する

「施設のご案内」ページと、まだ作成していない残りのページに共通する部分のHTMLを作成します。

▶ タイトルを編集する

「施設のご案内」ページ（info.html）のタイトルを変更します。

■ <title> タグの内容を変更する

1 info.html をテキストエディターで開きます。<title> タグの内容を次のように変更します。

【info.html】

```
<!DOCTYPE html>
<html lang="ja">
<head>
<meta charset="utf-8">
<title>施設のご案内 - HAPPINESS FITNESS CLUB</title>
<link rel="stylesheet" href="css/style.css">
</head>

<body>
...
</body>
</html>
```

解説 <title>タグ

<title> は、HTML ドキュメントのタイトルを指定するタグです。<title> ～ </title> に記述したテキストは、ブラウザーのウィンドウやタブのタイトルとして表示されます。

【<title> タグの内容が表示される場所】

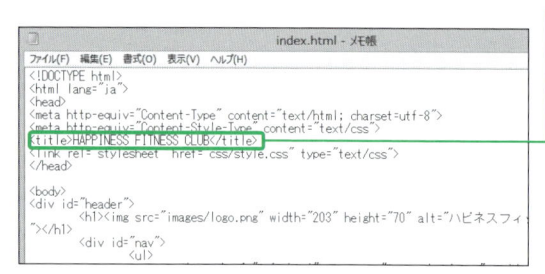

One Point <title> の内容は重要

<title> の内容はブラウザーのウィンドウやタブのタイトルにしか表示されないためあまり重要ではないように感じます。しかし、Google や Yahoo! などの検索エンジンは、検索結果ページでこのタイトルを大きく表示します。ユーザーにページの概要が伝わるよう、的確なタイトルをつけましょう。
同じ理由から、サイト内のページにはそれぞれ別のタイトルをつけましょう。同じタイトルのページが検索結果に表示されても、閲覧者はどちらがより探している情報に近いのか判断がつきません。

ロゴにリンクを設定する

ヘッダー領域にある「HAPPINESS FITNESS CLUB」のロゴに、トップページに戻るためのリンクを設定します。

<a> タグを追加する

ヘッダー領域に <h1> タグがあり、その要素の内容として <img> タグがあります。これがロゴの画像です。この <img> タグにリンクを設定し、クリックするとトップページ（index.html）に戻れるようにします。

1 info.html の中から、ロゴ画像を挿入している <img> タグを探して、前後に <a> タグを記述します。href 属性は index.html へのパスにします。

【info.html】

```
..
<body>
<header>
  <h1><a href="index.html"><img src="images/logo.png" width="203" height="70" alt="ハピネスフィットネスクラブ"></a></h1>
  …
</header>
…
</body>
…
```

2 info.html をブラウザーで開きます。ロゴをクリックして、トップページに戻れることを確認します。アドレスバーのURL か、ウィンドウまたはタブのタイトルを見ればページが変わったかどうか調べられます。

【作業前】　　　　　　　　　　　　　　　　【作業後】

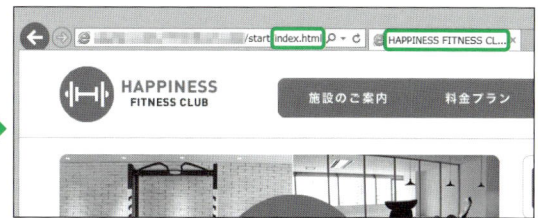

解説 リンクを意味する<a>とパス

<a> はリンクを意味するタグです。<a> タグには href 属性が必須で、その値には、リンク先のファイルを相対パスもしくは絶対パスで指定します。

相対パスとは、HTML ドキュメントを基点として、リンク先のファイルがどこにあるかを示す方法です。今回の場合、編集している info.html と、リンク先の index.html は同じフォルダー階層にあるため、パスは「index.html」となります。

あるフォルダー内のファイルにリンクするとき、次の図のように、「first.html」から「sub」フォルダーの「second.html」にリンクを設定するなら、次のようになります。フォルダーやファイル名をスラッシュ（/）で区切って列挙します。

【リンク先ファイルが同じ階層にあるとき】

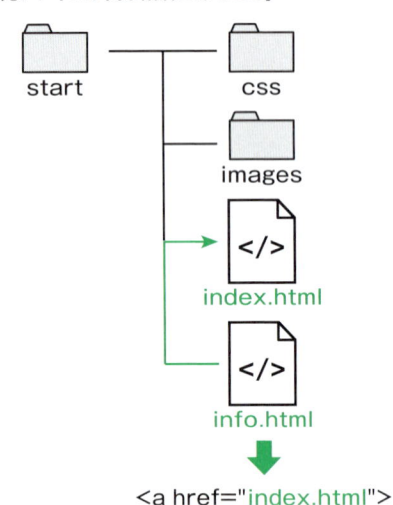

<a href="index.html">

【リンク先ファイルが異なる階層にあるとき】

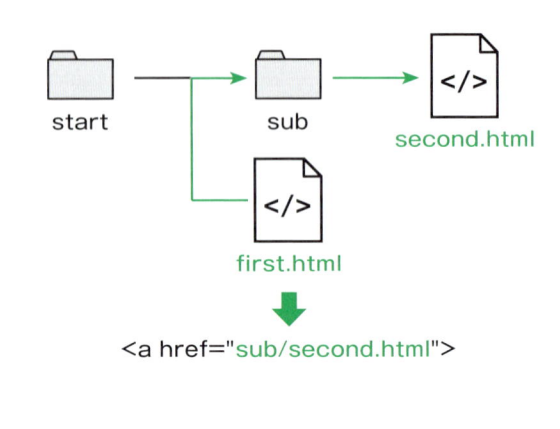

<a href="sub/second.html">

▌絶対パス

絶対パスとは、「http://」や「https://」から始まる、URL をすべて記述する方法です。主に外部サイトへのリンクに使われます。

【絶対パスの例】

<a href="http://www.sikaku.gr.jp">外部サイトへリンク</a>

◉ メイン領域に基本のHTMLを記述する

メイン領域を編集して各ページ共通の HTML を記述します。index.html を複製して info.html を作成しているので、メイン領域にはトップページの HTML がすでに記述されています。これを削除して、<article> と <h1> を追加します。

■ <article> と <h1> を追加する

1 info.html の <div id="main"> に含まれるすべての要素を選択して削除します。

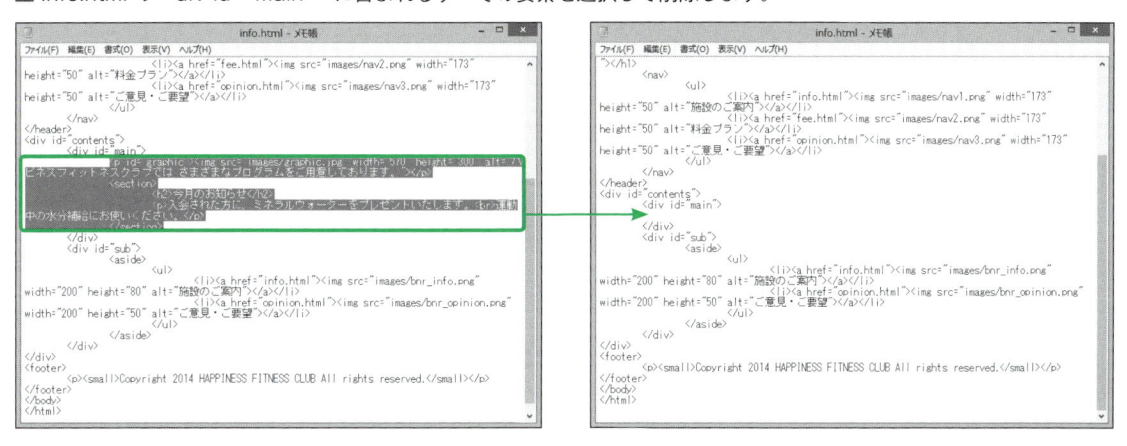

2 空白になった <div id="main"> ～ </div> の中に、<article> と <h1> を記述します。<h1> の要素の内容は「施設のご案内」にします。

【info.html】

```
…
<body>
…
<div id="contents">
  <div id="main">
    <article>
      <h1>施設のご案内</h1>
    </article>
  </div>
  <div id="sub">
    …
  </div>
</div>
…
</body>
…
```

3 info.html をブラウザーで開きます。メイン領域には見出しだけが表示されています。

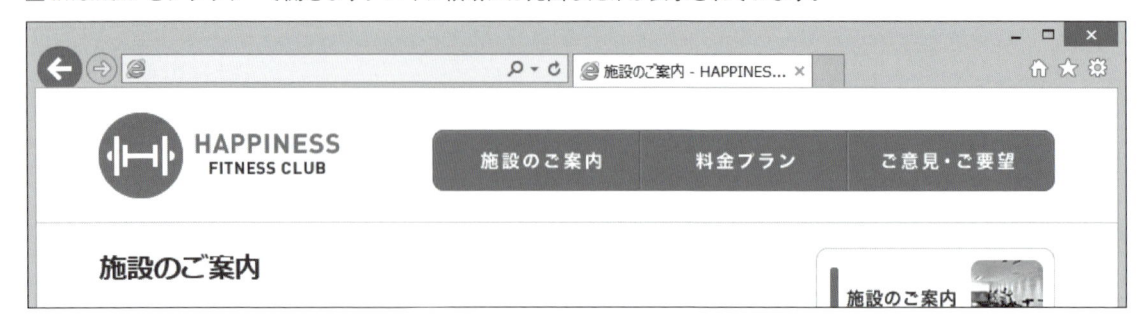

解説 <h1>

<h1> は「見出し」を意味するタグです。見出しを意味するタグには <h1>、<h2>、<h3>、<h4>、<h5>、<h6> と6種類あり、数字が小さいほうがより重要な見出しになります。見出しが必要な場合は <h1> から使用します。それより重要度の低い見出しが出てきたら <h2>、<h2> よりも重要度の低い見出しは <h3>……というように使います。

● ファイルを複製してほかのページを用意する

「施設のご案内」ページと、その他のページに共通する HTML の編集が終了しました。これから CSS の編集をしますが、その前に info.html を複製して、ほかのページの HTML を用意します。

■ info.html を複製する

1 エクスプローラーで「info.html」を複製します。ファイル名を「fee.html」にします。

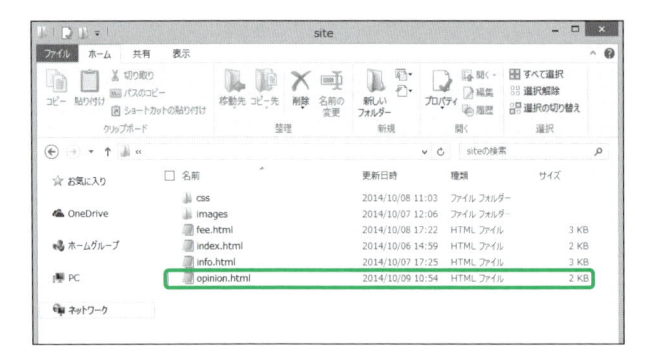

2 同じ作業をもう一度繰り返し、info.html を複製します。ファイル名を「opinion.html」にします。

各ページに共通する部分のCSSを作成する

info.htmlで新しく作成したメイン領域のCSSを記述します。各ページに共通する部分のCSSを仕上げます。

▶ メイン領域の見出しに背景画像を表示させる

まず、メイン領域の<h1>にCSSを適用して背景画像を表示させます。

■ 背景画像を指定する

■1 style.cssを開きます。途中にあるコメント文「/* 基本レイアウト ここまで↑ */」の上に、メイン領域の<h1>に適用されるCSSを記述します。

【style.css】

```
...
/* 基本レイアウト ここから↓ */
...
footer small {
  font-size: 100%;
}
#main h1 {
  background-image: url(../images/h1.png);
}
/* 基本レイアウト ここまで↑ */
...
```

■2 info.htmlをブラウザーで開きます。<h1>に背景画像が表示されているのを確認します。

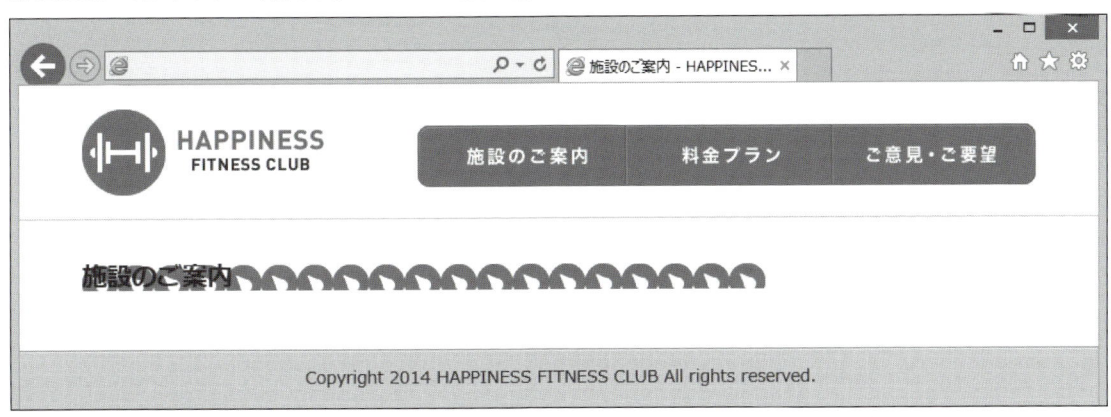

解説 background-imageプロパティ

要素に背景画像を指定するには、background-imageプロパティを使用します。background-image プロパティの値に指定するのは必ず url() で、そのカッコ内に、背景画像にしたい画像ファイルのパスを指定します。パスをダブルクオートで囲む必要はありません。

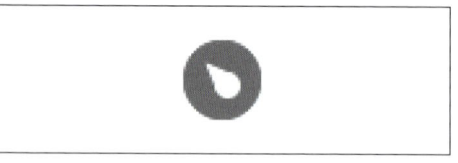

背景画像として使用した h1.png

なお、パスを相対パスで指定する場合は、CSS ファイルを基点とします。今回使用した画像ファイルは「images」フォルダー内の「h1.png」です。style.css を基点とすると images フォルダーは 1 階層上にあります。1 階層上を指定するには「../」と記述します。

【style.css、h1.png が保存されている場所】

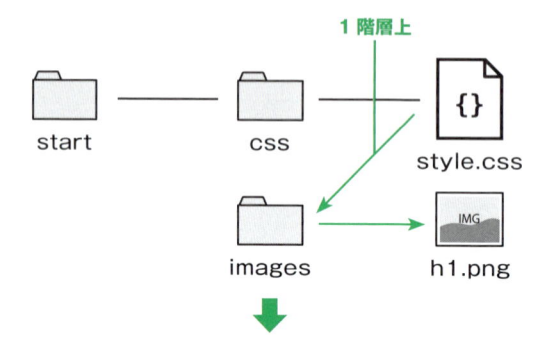

background-image: url(../images/h1.png);

● 背景画像の繰り返しを制御する

メイン領域の見出しに指定した背景画像は、テキストの左横に表示させるようにします。まずこの画像が <h1> の領域全体に繰り返しているので、一度だけ表示して繰り返さないようにします。

■ 背景画像を繰り返さないようにする

背景画像を繰り返さないようにするために、前節で記述した「#main h1」のルールにスタイル宣言を追加します。

■1 「#main h1」のルールにスタイル宣言を追加します。

【style.css】

```
...
#main h1 {
  background-image: url(../images/h1.png);
  background-repeat: no-repeat;
}
...
```

2 info.html をブラウザーで開きます。背景画像が繰り返さなくなっています。

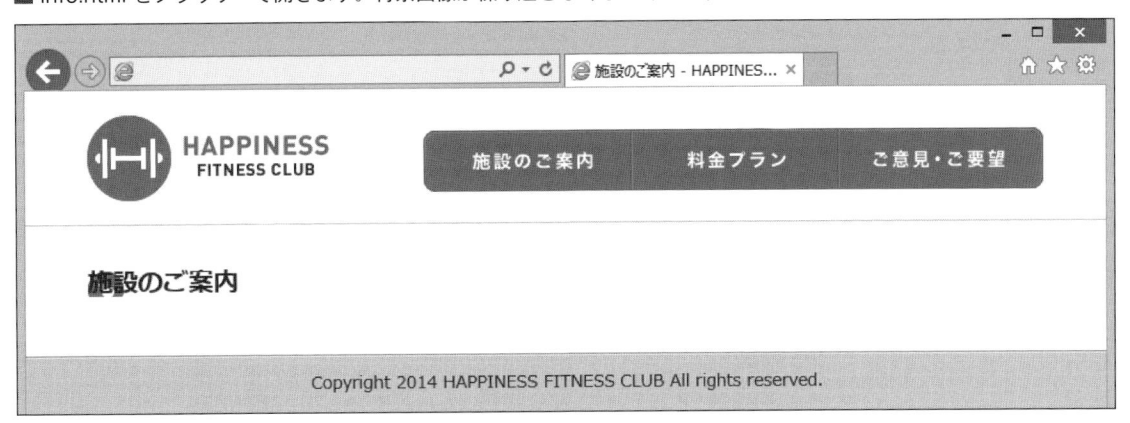

解説 background-repeatプロパティ

背景画像は、特に指定がなければ要素の領域を埋め尽くすように繰り返し表示されます。その繰り返しの状態を指定するには background-repeat プロパティを使用します。画像を繰り返し表示しない「no-repeat」のほか、横方向にだけ繰り返したり、縦方向にだけ繰り返したり設定できます。

【background-repeatの値】

プロパティ値	説明	表示例
repeat	画像を縦横に繰り返す	
repeat-x	画像を横方向に繰り返す	
repeat-y	画像を縦方向に繰り返す	
no-repeat	画像を繰り返さない	

background-position プロパティ

背景画像の表示状態を設定するプロパティには、background-repeat のほかに、background-position プロパティもあります。これは、背景画像の表示開始位置を指定するプロパティです。
代表的なプロパティ値の設定方法を 2 通り紹介します。

■ キーワードで指定する

キーワードを使用して背景画像の表示開始位置を指定する方法です。横方向のキーワード、縦方向のキーワードを半角スペースで区切って記述します。

【キーワードを使用した書式】

background-position: 横方向のキーワード 縦方向のキーワード;

【background-position で使用できるキーワード】

キーワード	方向	説明
left	横方向	横方向
center		ボックスの左右中央
right		ボックスの右端
top	縦方向	ボックスの上端
center		ボックスの上下中央
bottom		ボックスの下端

【背景画像を横方向、縦方向とも中央に配置した例（サンプル：c04-pos1/index.html）】

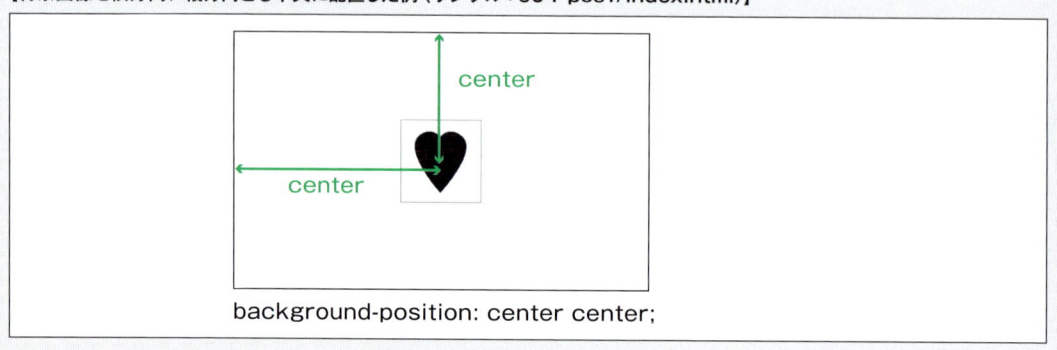

background-position: center center;

■「数値＋単位」で指定する

ボックスの左上からの距離を数値と単位で指定する方法です。単位には％もしくはpx、emなどが使用できます。横方向の距離、縦方向の距離の順に半角スペースで区切って記述します。

【「数値＋単位」で指定する書式】

> background-position: 横方向の距離＋単位 縦方向の距離＋単位;

【背景画像を横方向、縦方向とも中央に配置した例（サンプル：c04-pos2/index.html）】

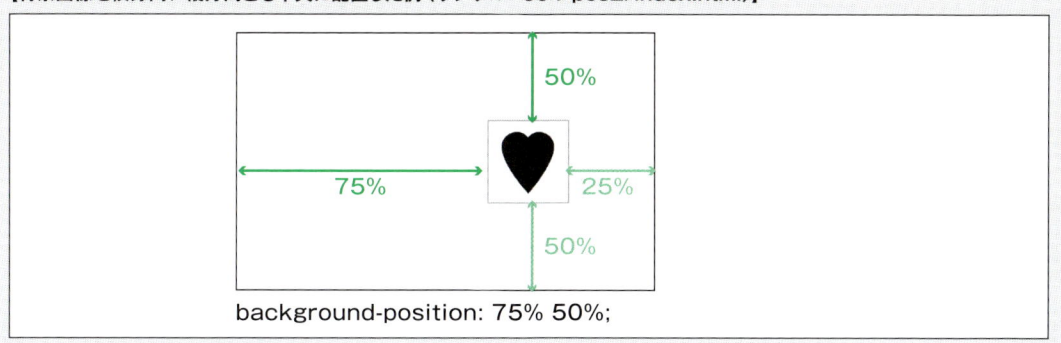

```
background-position: 75% 50%;
```

▶ パディングを調整する

背景画像は繰り返さなくなりました。しかし、まだ背景画像と見出しのテキストが重なっていて、しかも画像の下のほうが切れてしまっています。見出しのテキストだけを横にずらし、背景画像が表示される領域を上下に増やします。

■ 見出しのテキストの位置を調整する

1 「#main h1」のルールにスタイル宣言を追加します。

【style.css】

```
..
#main h1 {
  background-image: url(../images/h1.png);
  background-repeat: no-repeat;
  padding-top: 8px;
  padding-right: 0;
  padding-bottom: 3px;
  padding-left: 40px;
}
...
```

2 info.html をブラウザーで開きます。見出しのテキストが横にずれて背景画像と重ならなくなり、下のほうも切れなくなりました。

解説 ボックスモデル

<body> 内に記述できるほとんどのタグおよびそのコンテンツ（要素の内容）は、ブラウザーウィンドウに表示されます。表示される際、タグはコンテンツを表示するための領域を確保します。この領域のことを「ボックス」と言います。

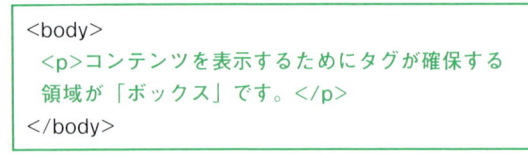

<p> タグが確保した、テキストを囲む四角形の領域がボックス

```
<body>
  <p>コンテンツを表示するためにタグが確保する
  領域が「ボックス」です。</p>
</body>
```

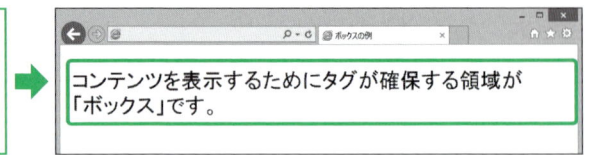

■ボックスモデルと CSS プロパティ

ボックスには、コンテンツを表示する「コンテンツ領域」の外側に、パディング、ボーダー、マージンがあり、それぞれ CSS で大きさを指定することができます。これらのうち、パディング、マージンは、それぞれボーダーの内側と外側にスペースを作るための領域です。

ボーダーは、ボックスの外周に外枠線（ボーダーライン）を引くための領域で、線の太さや色などを調整できます。

ボックスに指定する背景色、背景画像は、パディング領域より内側に表示されます。

【ボックスモデルとプロパティ】

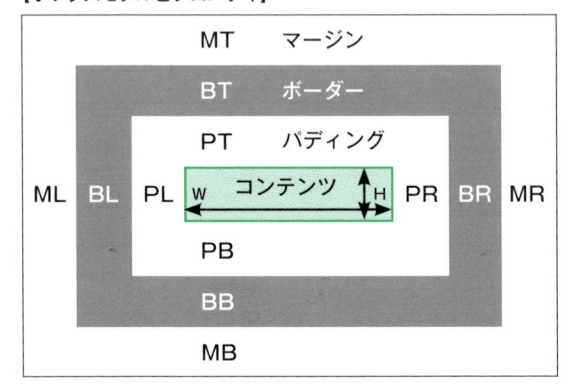

MT　マージン
BT　ボーダー
PT　パディング
ML　BL　PL　W　コンテンツ　H　PR　BR　MR
PB
BB
MB

【ボックスモデルに関連する各種CSSプロパティ】

領域	プロパティ	説明
W	width	幅を指定
	min-width	最小幅を指定（コンテンツが多い場合、ボックスの幅が最小幅よりも大きくなる）
	max-width	最大幅を指定（コンテンツが多くても、ボックスの幅が最大幅よりも大きくならない）
H	height	高さを指定
	min-height	最小高さを指定（コンテンツが多い場合、ボックスの高さが最小高さよりも高くなる）
	max-height	最大高さを指定（コンテンツが多くても、ボックスの高さが最大高さよりも高くならない）
PT	padding-top	上パディングの大きさを指定
PR	padding-right	右パディングの大きさを指定
PB	padding-bottom	下パディングの大きさを指定
PL	padding-left	左パディングの大きさを指定
パディング4辺一括	padding	パディング4辺の大きさを一括指定
BT	border-top	上ボーダーの太さ、形状、色を指定
BR	border-right	右ボーダーの太さ、形状、色を指定
BB	border-bottom	下ボーダーの太さ、形状、色を指定
BL	border-left	左ボーダーの太さ、形状、色を指定
ボーダー4辺一括	border	ボーダー4辺の太さ、形状、色を一括指定
MT	margin-top	上マージンの大きさを指定
MR	margin-right	右マージンの大きさを指定
MB	margin-bottom	下マージンの大きさを指定
ML	margin-left	左マージンの大きさを指定
マージン4辺一括	margin	マージン4辺の大きさを一括指定

■ブロックレベル要素とインラインレベル要素

タグの種類によって、形成されるボックスには大きく分けて2種類あります。ブロックレベルボックスと、インラインレベルボックスです。また、ブロックレベルボックスで表示されるタグは「ブロックレベル要素」、インラインレベルボックスで表示されるタグは「インラインレベル要素」と呼ばれています。

ブロックレベルボックスは、CSSのwidthプロパティを使用しない限り、親要素のボックスの幅いっぱいにボックスを形成します。<div>や<p>、<article>、<section>などは、ブロックレベルボックスを形成します。また、CSSのフロートやポジション機能を使わない限り、ブロックレベルボックスのすぐ横に別のボックスが配置されることはありません。

一方、<strong>などテキストを修飾するようなタグは、インラインレベルボックスを形成します。これは、コンテンツが収まる最小限のボックスを形成します。また、そのボックスのすぐ横に別のインラインボックスやテキストが配置されます。

ブロックレベルボックスにはボックスモデルのすべての CSS プロパティを適用できます。一方のインラインレベルボックスには、<img> など一部のインラインレベル要素を除き、ボックスの幅と高さ、上下マージンが設定できません。

【ブロックレベルボックスとインラインレベルボックス】

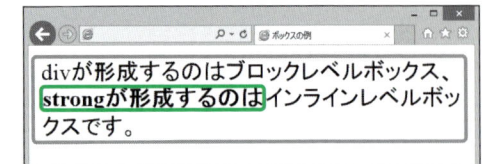

> divが形成するのはブロックレベルボックス、strongが形成するのはインラインレベルボックスです。

One Point ボックスの種類を変更する display プロパティ

タグが形成するボックスの種類は、CSS の display プロパティを使って変更することができます。

【display プロパティ】

display: ボックスの表示方式;

【代表的な display プロパティの値】

プロパティ値	説明
block	ブロックレベルボックスとして表示
inline	インラインレベルボックスとして表示
inline-block	インラインレベルボックスとして表示するが、幅や高さなどを指定できるボックスとして表示
none	表示しない

◉ マージンを調整する

「施設のご案内」の見出しは、少し下に下がりすぎているように見えます。マージンを調整して上に上げ、右のバナーと高さを合わせます。

■ 見出しの上下マージンを調整する

1 「#main h1」のルールにスタイル宣言を追加します。

【style.css】

```css
...
#main h1 {
  background-image: url(../images/h1.png);
  background-repeat: no-repeat;
  padding-top: 8px;
  padding-right: 0;
  padding-bottom: 3px;
  padding-left: 40px;
  margin-top: 0;
  margin-bottom: 20px;
}
...
```

2 見出しの上下マージンが調整され、少し上に上がります。

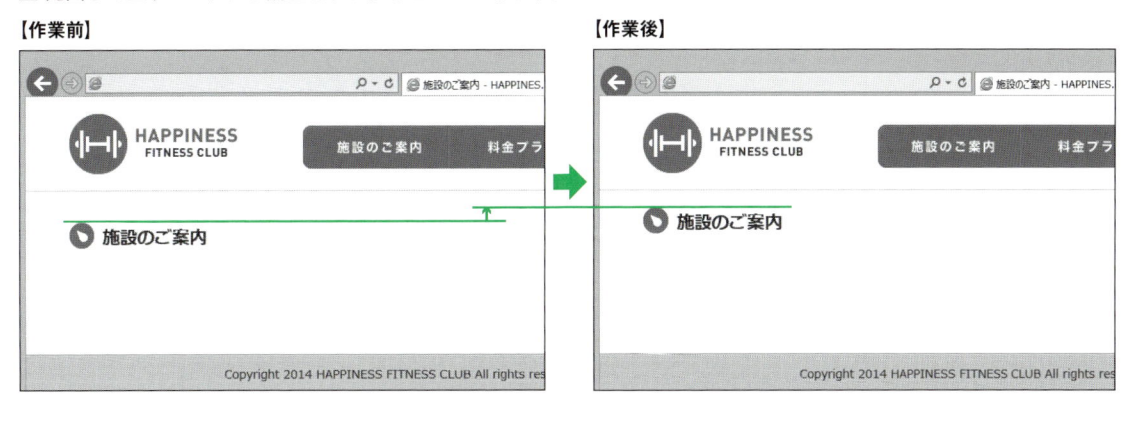

【作業前】　　　　　　　　　　　　　　【作業後】

解説 ブラウザーのデフォルトCSS

タグの種類によっては、CSSを編集しなくてもブラウザーがあらかじめスタイルを設定している場合があります。ブラウザーがあらかじめ設定しているスタイルを「デフォルトCSS」などと言います。「施設のご案内」見出しは <h1> で書かれていて、<h1> にはデフォルトCSSで上下にマージンが設定されています。そのため、style.css に margin-top、margin-bottom プロパティを追加する前は、見出しの上下にマージンが空いていたのです。

【見出しの上下マージン】

デフォルトCSS　　　　　　　　　　　　style.css編集後

0.67em / 0.67em　　　　　　　　　　　　20px

■ <h1>のマージン

One Point リセットCSS、ノーマライズCSS

高度なデザイン・レイアウトのWebページを作る場合に、デフォルトCSSがじゃまに感じることがあります。そのようなときに、要素に設定されているデフォルトのマージン、パディング、フォントサイズなどを、いったんすべてリセットしてしまう手法があります。こうした制作手法、またはCSSのセットを、「リセットCSS」と呼びます。米国Yahoo!が提供している「YUI CSS Reset」ライブラリーなどが有名です。

【YUI CSS Reset】

http://yuilibrary.com/yui/docs/cssreset/

ただし、最近はスマートフォンでWebサイトを閲覧するケースも多く、極力データ量を減らすため、ごく最小限のリセットで済ませることが多くなっています。
また、デフォルトCSSをリセットしてしまうのではなく、主にブラウザー間の表示の差をなくすことを目的としてCSSを微調整する「ノーマライズCSS」という手法をとることもあります。normalize.cssというCSSファイルが公開されています。

【normalize.css を配布しているWebサイト】

http://necolas.github.io/normalize.css/

マージン、パディングのショートハンドを使って書き直す

マージン、パディングは各辺ごとに大きさを設定するプロパティのほかに、一括で指定するプロパティもあります。「#main h1」のマージン、パディングのプロパティを書き替えます。

style.css を書き替える

1 margin、padding プロパティを書き替えます。

【style.css】

```
...
#main h1 {
  background-image: url(../images/h1.png);
  background-repeat: no-repeat;
  padding-top: 8px;        ┐
  padding-right: 0;        │
  padding-bottom: 3px;     │ 削除
  padding-left: 40px;      │
  margin-top: 0;           │
  margin-bottom: 20px;     ┘
}
...
```

→

```
#main h1 {
  background-image: url(../images/h1.png);
  background-repeat: no-repeat;
  padding: 8px 0 3px 40px;
  margin: 0 0 20px 0;
}
```

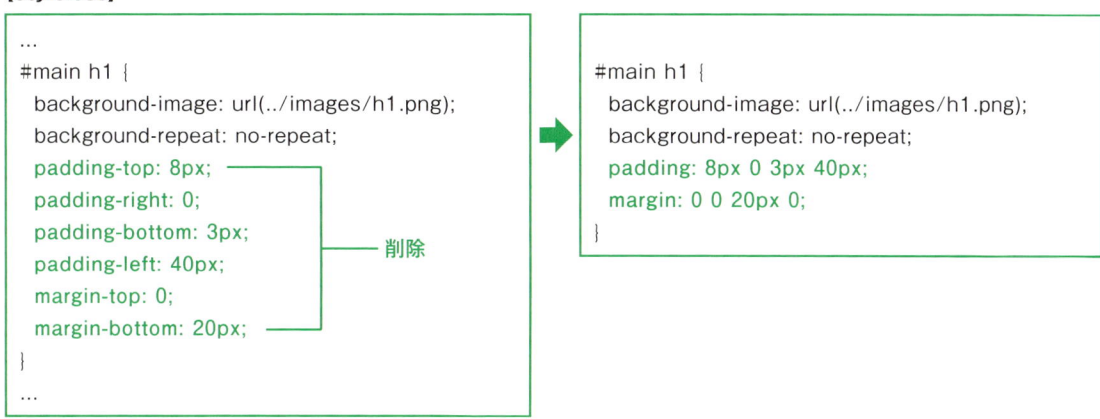

解説 ショートハンド・プロパティ

マージン、パディングは、ボックスの各辺の大きさを個別に設定するプロパティのほかに、4辺を一括で設定できる「ショートハンド」と呼ばれるプロパティがあります。マージン、パディングのショートハンドはそれぞれ margin、padding プロパティです。プロパティ値を「上」「右」「下」「左」の順に半角スペースで区切って列挙します。

【margin プロパティの値と適用される場所】

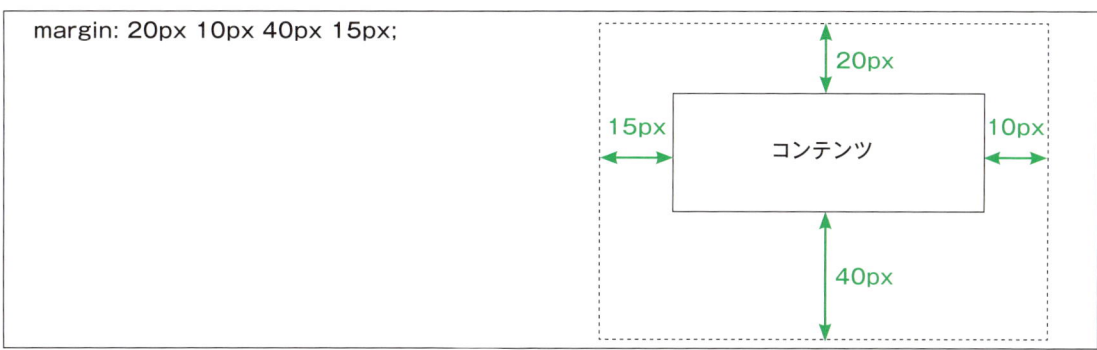

```
margin: 20px 10px 40px 15px;
```

（上20px、左15px、右10px、下40px のコンテンツ周囲の余白図）

【margin ショートハンド・プロパティ（padding も同様の書式）】

```
margin: 上 右 下 左;
```

■ ショートハンドの値をさらに省略

margin、padding プロパティの値はさらに省略することができます。値を 1 つだけ設定すると、それがボックスの 4 辺に適用されます。値を 2 つ設定すると、最初の値がボックスの上と下に、次の値が右と左に適用されます。値を 3 つ設定すると、最初の値がボックスの上、次が右と左、3 番目が下に適用されます。

【margin プロパティの値の省略】

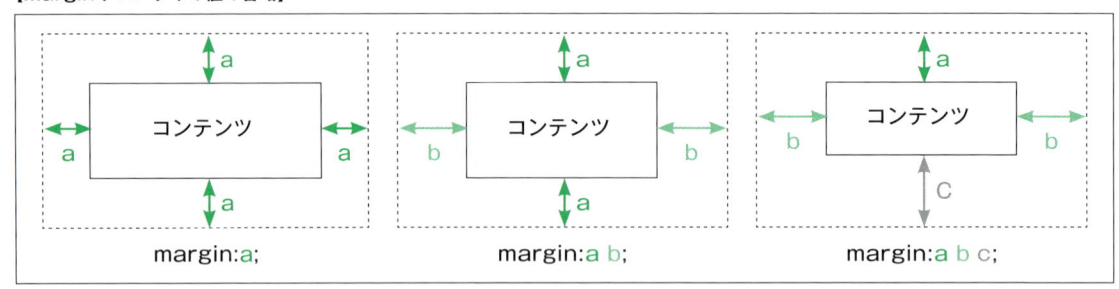

フォントサイズを調整する

見出しに設定した背景画像に比べてテキストのフォントサイズが少し小さいので、大きくなるように調整します。

■ フォントサイズを調整する

メイン領域の見出し、フォントサイズが「162%」になるように指定します。

■1 「#main h1」のルールにスタイル宣言を追加します。

【style.css】

```
...
#main h1 {
  background-image: url(../images/h1.png);
  background-repeat: no-repeat;
  padding: 8px 0 3px 40px;
  margin: 0 0 20px 0;
  font-size: 162%;
}
...
```

■2 info.html をブラウザーで開きます。見出しのフォントサイズが少し大きくなります。

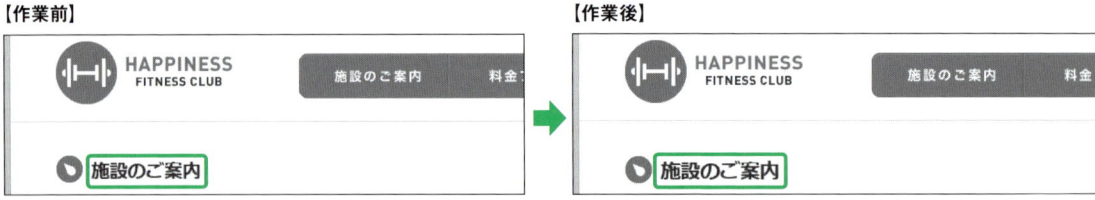

【作業前】　　　　　　　　　　　　　【作業後】

4-4 テキストと画像が含まれたメイン領域を作成する

ここから「施設のご案内」ページにしかない部分の編集をします。info.htmlにテキストと画像を挿入します。

● テキストを挿入する

「施設のご案内」ページ（info.html）に施設の概要を紹介するテキストを記述します。

■ テキストを挿入する

1 info.html の `<article>` に含まれる `<h1>` の次の行に、`<p>` タグで挟まれたテキストを記述します。

【info.html】

```
...
<article>
  <h1>施設のご案内</h1>
  <p>当施設は、スタジオやプールのほか、100台ものマシンを所有するフィットネスクラブです。</p>
</article>
...
```

2 今挿入した `<p>` ～ `</p>` の次の行にも、`<p>` タグで挟まれたテキストを記述します。

【info.html】

```
...
<article>
  <h1>施設のご案内</h1>
  <p>当施設は、スタジオやプールのほか、100台ものマシンを所有するフィットネスクラブです。</p>
  <p>マシンはフィットネスに合わせた様々な設備が揃い、各専門分野のインストラクターが常に指導できるよう常駐しています。
肩こりや腰痛の改善、ダイエット、体力づくりなど、様々な目的に合わせて専門のインストラクターから的確なアドバイスが受けられる体制を整えています。</p>
</article>
...
```

3 「～指導できるよう常駐しています。」の後ろに `<br>` タグを記述します。

【info.html】

```
...
<p>マシンはフィットネスに合わせた…常に指導できるよう常駐しています。<br>
肩こりや腰痛の改善…受けられる体制を整えています。</p>
...
```

4 同じようにあと3つ、<p> 〜 </p> で挟まれたテキストを挿入します。

【info.html】

```
...
<article>
  ...
  <p>スタジオプログラムは多彩なプログラムをご用意し、随時開催しています。定員さえ超えなければ、いくつでもご自由にご参加いただけます。</p>
  <p>大浴場は、ジェットバス、シャワー、サウナ、水風呂を完備し、マッサージルームでは運動後の疲れや痛みを残さないよう資格をもったスタッフがマッサージをいたします。</p>
  <p>ご興味のある方は、ぜひ無料見学にお越しください。</p>
</article>
...
```

5 info.html をブラウザーで開きます。記述したテキストが表示されていること、および「〜指導できるよう常駐しています。」の後ろで改行されていることを確認します。

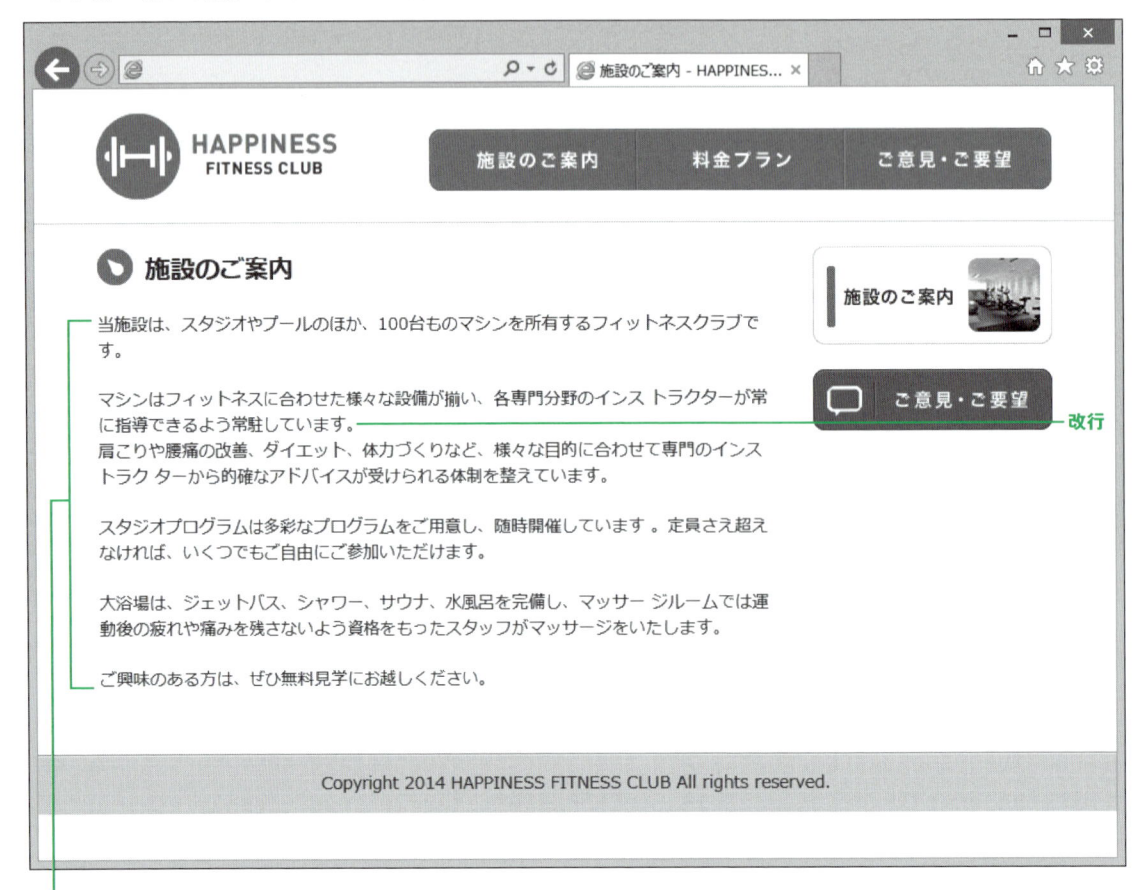

解説 <p>タグとマージンのたたみ込み

<p> タグは「段落」を意味します。<p> タグのデフォルト CSS には、要素の上下に 1 行分（1em）のマージンが設定されています。

■ マージンのたたみ込み

上下にマージンが隣接した場合、どちらか大きいほう（大きさが同じ場合はどちらか一方）だけが採用されます。この、上下マージンのどちらか一方だけが採用されることを「マージンのたたみ込み」と言います。左右に隣接するマージンはたたみ込まれません。

今回記述した HTML では <p> が連続しています。<p> のデフォルト CSS には上下 1em のマージンが設定されているので、単純に計算すれば合計 2em のマージンが空くことになります。しかし、たたみ込みが発生するため、<p> と <p> の間には 1em しかマージンが空きません。

【<p> と <p> の間には、1em のマージンが空く】

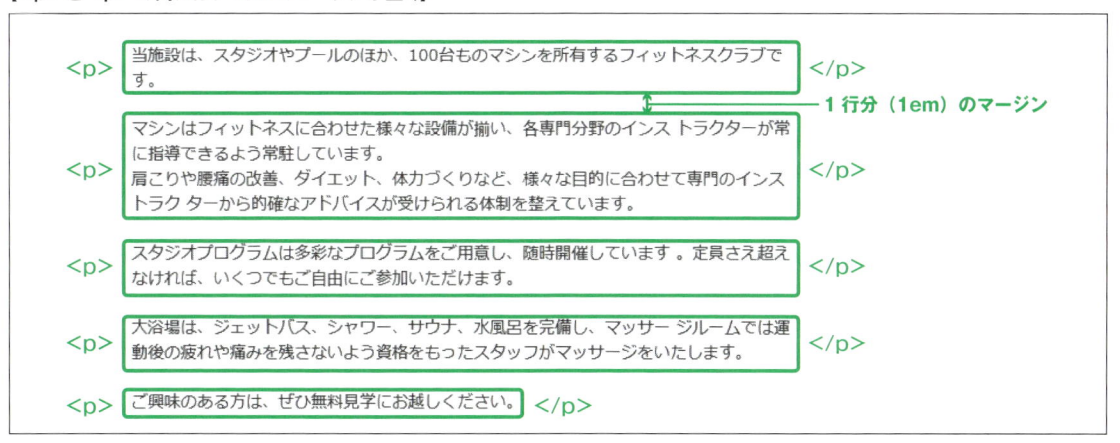

```
<p> 当施設は、スタジオやプールのほか、100台ものマシンを所有するフィットネスクラブで </p>
    す。
                                                          ── 1 行分（1em）のマージン
<p> マシンはフィットネスに合わせた様々な設備が揃い、各専門分野のインストラクターが常 </p>
    に指導できるよう常駐しています。
    肩こりや腰痛の改善、ダイエット、体力づくりなど、様々な目的に合わせて専門のインス
    トラクターから的確なアドバイスが受けられる体制を整えています。
<p> スタジオプログラムは多彩なプログラムをご用意し、随時開催しています。定員さえ超え </p>
    なければ、いくつでもご自由にご参加いただけます。
<p> 大浴場は、ジェットバス、シャワー、サウナ、水風呂を完備し、マッサージルームでは運 </p>
    動後の疲れや痛みを残さないよう資格をもったスタッフがマッサージをいたします。
<p> ご興味のある方は、ぜひ無料見学にお越しください。 </p>
```

解説
タグ

HTML のテキストは、ただ改行しただけではブラウザー上の表示では改行されません。HTML でテキストを改行するためには、改行したいところに
 タグを挿入します。

4-5 箇条書きを追加する

メイン領域に箇条書きを追加します。HTMLには箇条書きが何種類か用意されていますが、ここでは最も基本的な<ul>を使用します。

● 箇条書きを3項目追加する

今回記述する箇条書きは「非序列リスト」と呼ばれる、各項目の冒頭に「・」が付くものです。非序列リストは非常によく使われます。

■ <ul><li> を記述する

1 info.html の「<p>ご興味のある方は、ぜひ無料見学にお越しください。</p>」と書かれた次の行からHTMLを追加します。<ul>の前に記述する<p>には、CSSを適用させやすいようにclass属性も追加しておきます。

【info.html】

```
...
<p>ご興味のある方は、ぜひ無料見学にお越しください。</p>
<p class="float_clear">次のような方にとくにおすすめします。</p>
<ul>
  <li>個人トレーナーをお探しの方</li>
  <li>日頃の運動不足が気になる方</li>
  <li>無理せずダイエット・体力作りをしたい方</li>
</ul>
</article>
...
```

2 info.html をブラウザーで開きます。箇条書きが3項目追加されます。

解説 箇条書き

箇条書きを意味する <ul> は「非序列リスト」と呼ばれ、実習した通り各項目の先頭に「･」が付きます。各項目は <li> ～ </li> で記述します。箇条書きの中でも最もよく使われる、重要なタグです。

【<ul> タグの記述例と表示結果（サンプル：c04-ul.html）】

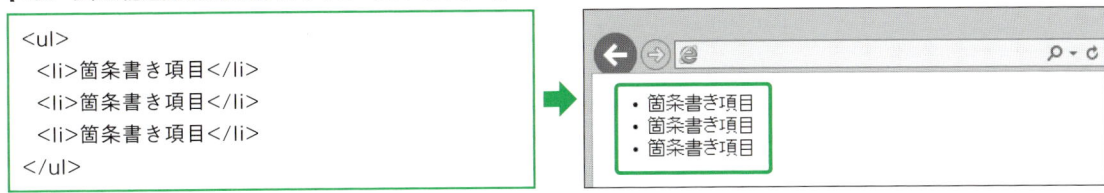

```html
<ul>
  <li>箇条書き項目</li>
  <li>箇条書き項目</li>
  <li>箇条書き項目</li>
</ul>
```

- 箇条書き項目
- 箇条書き項目
- 箇条書き項目

<ol> タグ

箇条書きには、<ul> のほかに <ol>、<dl> があります。<ol> は「序列リスト」と呼ばれ、各項目の先頭に番号が付きます。<ul> と同様、<ol> の各項目は <li> ～ </li> で記述します。

【<ol> の記述例と表示結果（サンプル：c04-ol.html）】

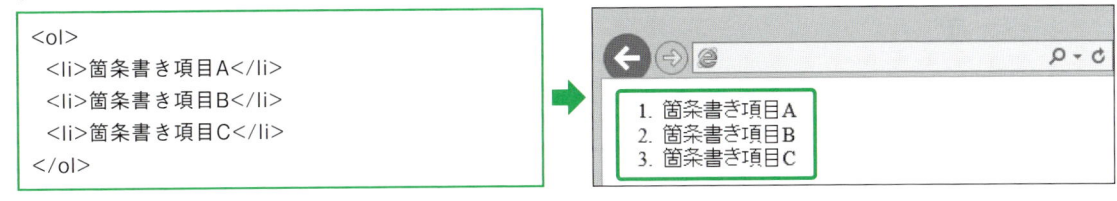

```html
<ol>
  <li>箇条書き項目A</li>
  <li>箇条書き項目B</li>
  <li>箇条書き項目C</li>
</ol>
```

1. 箇条書き項目A
2. 箇条書き項目B
3. 箇条書き項目C

<dl> タグ

<dl> は「定義リスト」と呼ばれる、少し特殊な箇条書きです。ある「用語」とその「説明」などをセットで記すために使われます。<dl> ～ </dl> の中に、「用語」を <dt>、「説明」を <dd> で囲んで記述します。

【<dl> ～ <dt> ～ <dd> の記述例と表示結果（サンプル：c04-dl.html）】

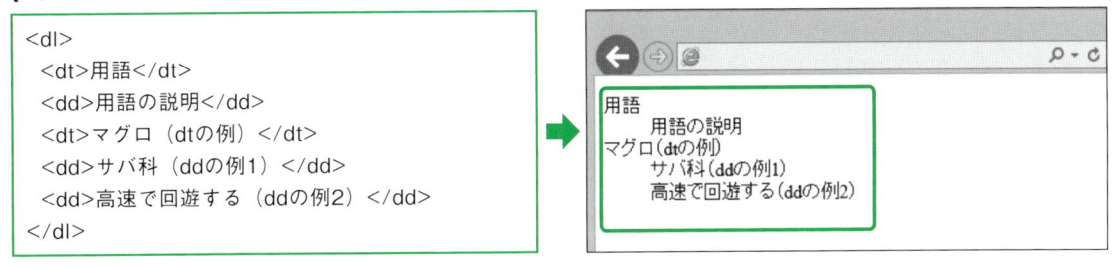

```html
<dl>
  <dt>用語</dt>
  <dd>用語の説明</dd>
  <dt>マグロ（dtの例）</dt>
  <dd>サバ科（ddの例1）</dd>
  <dd>高速で回遊する（ddの例2）</dd>
</dl>
```

用語
  用語の説明
マグロ(dtの例)
  サバ科(ddの例1)
  高速で回遊する(ddの例2)

4-6 画像を挿入する

メイン領域に画像を挿入します。最初の<p>の中に<img>タグを追加します。

● 最初の段落に<img>タグを挿入する

「施設のご案内」ページ（info.html）に画像を挿入します。最初の <p> 開始タグの直後に <img> タグを追加します。挿入する画像は「images」フォルダー内の「pic.jpg」です。

■ 最初の <p> に <img> タグを挿入する

1 info.html の <article> 内に記述した、最初の <p> 開始タグの直後に <img> タグを追加します。

【info.html】

```
...
<article>
  <h1>施設のご案内</h1>
  <p><img src="images/pic.jpg" alt="施設利用風景" width="200" height="200">当施設は、スタジオやプールのほか、100台ものマシンを所有するフィットネスクラブです。</p>
  ...
</article>
...
```

2 info.html をブラウザーで表示します。テキストの前に画像が表示されます。

解説 <img>タグ

<img> は画像を挿入するタグです。このタグにはいくつかの属性が定義されています。そのうち、src 属性は <img> タグの必須属性で、必ず記述しなければなりません。

【<img> タグの基本的な書式】

```
<img src="画像ファイルのパス" alt="代替テキスト" width="画像の幅" height="画像の高さ">
```

※属性を記述する順番は問わない

■ src 属性

src 属性には挿入する画像のパスを指定します。今回挿入した画像は「images」フォルダー内の「pic.jpg」です。

【info.html と pic.jpg のフォルダー構造】

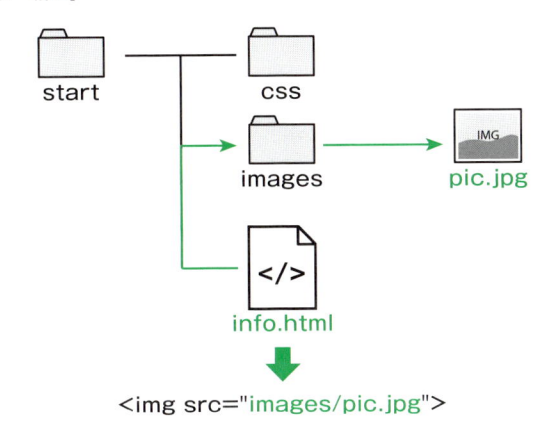

■ alt 属性

alt 属性には、画像のパスが間違っていたり、インターネット接続が切れてサーバーからファイルをダウンロードできないなど、なんらかの理由で画像が表示できないときに、代わりに表示するテキスト（代替テキスト）を指定します。また、読み上げブラウザーは alt 属性のテキストを読み上げます。alt 属性は極力指定するほうがよいでしょう。

【画像ファイルが取得できなかったときの表示例】

alt 属性はできるだけ画像の内容を的確に表現するようなテキストにします。ただし、ブラウザーに表示されている前後のテキストと画像の内容が同じ場合や、装飾的な意味合いが強い画像の場合は、alt 属性値を空にしてもよいことになっています。その場合は次のように記述します。

【alt 属性値を空にする場合の書式】

```
<img src="画像ファイルのパス" alt="">
```

▌width 属性、height 属性

width 属性、height 属性は、画像を表示する幅と高さをそれぞれ指定します。これらは必須属性ではないため、記述しない場合もあります。

【width 属性、height 属性が指定する大きさ】

● class属性を追加する

前節で挿入した画像には、後で CSS を適用してテキストを回り込ませます。<img> タグに class 属性を追加して、セレクターで要素を選択しやすいようにします。

▌<img> に class 属性を追加する

① 前節で記述した <img> に class 属性を追加します。属性値は「float_right」にします。

【info.html】

```
...
<article>
  <h1>施設のご案内</h1>
  <p><img src="images/pic.jpg" alt="施設利用風景" width="200" height="200" class="float_right">当施設は、スタジオやプールのほか、...</p>
  ...
</article>
...
```

CSSを編集して画像にテキストを回り込ませる

<img>タグにCSSを適用して、テキストを回り込ませます。

▶ floatプロパティを使用する

前節で class 属性を追加した <img> タグに CSS の float プロパティを適用して、テキストを回り込ませます。また、そのままではテキストが画像にくっついてしまうので、同時にマージンも設定します。

■ style.css を編集する

1 style.css を開き、前節までに記述した <img> タグに適用される CSS ルールを、コメント文「/*「施設のご案内」ページ ここから↓ */」と「/*「施設のご案内」ページ ここまで↑ */」の間に記述します。

【style.css】

```
...
/* 「施設のご案内」ページ ここから↓ */
img.float_right {
  margin-bottom: 20px;
  margin-left: 20px;
  float: right;
}
/* 「施設のご案内」ページ ここまで↑ */
...
```

2 info.html をブラウザーで開きます。画像が右に移動して、テキストが回り込むようになります。

解説 floatプロパティ

floatプロパティを適用された要素は、その親要素のコンテンツ領域の「限りなく右上（または左上）」に配置されます。また、後続の要素は、floatが適用された要素をよけるように配置されます。
今回作業したものを例にすると、floatプロパティが適用されている<img>は、その親要素<p>が形成するコンテンツ領域の右上に配置されます。<img>に続くテキストや、2番目以降の<p>は、すべて<img>をよけるように配置されるため、テキストが回り込みます。

【floatの書式】

float: 回り込み;

【floatプロパティの値】

プロパティ値	説明
left	要素を親要素のボックスの左上に配置する。後続の要素は右に回り込む
right	要素を親要素のボックスの右上に配置する。後続の要素は左に回り込む
none	フロートしない

【float:left; にすると、画像は左上に配置される（サンプル：c04-float-left/info.html）】
【style.css】

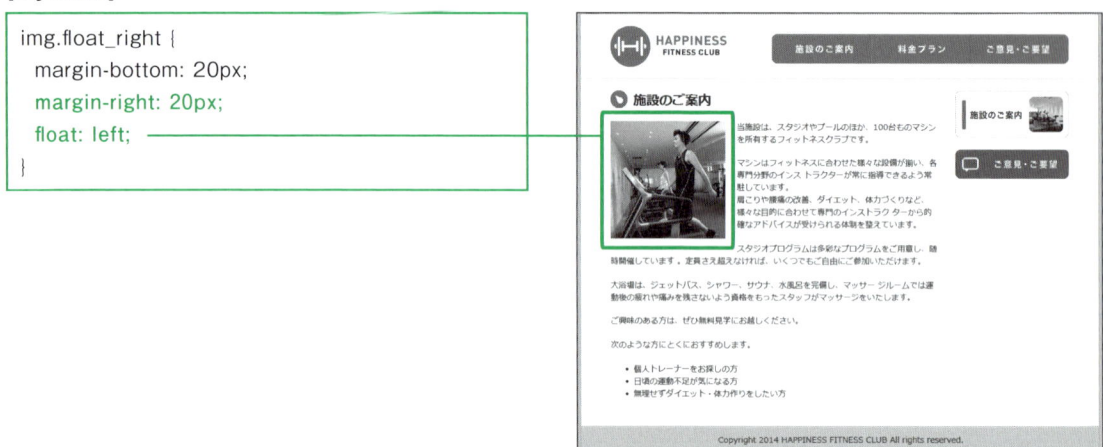

```
img.float_right {
  margin-bottom: 20px;
  margin-right: 20px;
  float: left;
}
```

4-8 箇条書きの前で回り込みを解除する

回り込み（float）は不要になったら解除します。<ul>の前の段落でfloatの解除を行います。

▶ floatを解除する

<ul> の前にある <p> で float を解除します。4-5 節「class 属性を追加する」の実習で、この <p> には class 属性「float_clear」を付けています。CSS のセレクターにはこのクラスを使用します。

■ clear プロパティを追加する

1 <p class="float_clear"> に適用される CSS を記述します。

【style.css】

```css
...
/* 「施設のご案内」ページ ここから↓ */
img.float_right {
  margin-bottom: 20px;
  margin-left: 20px;
  float: right;
}
.float_clear {
  clear: both;
}
/* 「施設のご案内」ページ ここまで↑ */
...
```

2 info.html をブラウザーで開きます。回り込んでいるテキストがないため表示上の変化はありませんが、「次のような方にとくにおすすめします。」というところで float が解除されます。

ここで float が解除される

解説 clearプロパティ

floatプロパティは、回り込む必要がなくなったところで解除します。
floatの解除にはclearプロパティを使います。clearプロパティに使える値は次表のとおりです。一般的には、左フロート、右フロートを同時に解除するbothを使うことが多いです。

【clearプロパティの値】

プロパティ値	説明
left	float:left（左フロート）を解除する
right	float:right（右フロート）を解除する
both	両方とも解除する
none	フロートを解除しない

One Point　フロート解除の効果を実感するには

ページのデザインの関係で、実習では画像が回り込まない位置でフロートを解除しています。`<p>` に記述した「class="float_clear"」を別の位置、たとえばメイン領域の2番目の `<p>` などに移動させれば、フロート解除の効果を実感できます。

```
...
<article>
  <h1>施設のご案内</h1>
  <p><img src="images/pic.jpg" alt="施設利用風景"...>...</p>
  <p class="float_clear">マシンはフィットネスに...体制を整えています。</p>
  <p>スタジオプログラムは...ご参加いただけます。</p>
  <p>大浴場は、ジェットバス...マッサージをいたします。</p>
  <p>ご興味のある方は、ぜひ無料見学にお越しください。</p>
</article>
...
```

【2番目の `<p>` でフロートを解除したときの表示結果】

この `<p>` でフロート解除

解説 レイアウトにも使われるfloat

floatはテキストを画像に回り込ませるほかに、ページ全体のレイアウトにも使われます。
実習に使用しているWebページは、メイン領域の<div id="main">と、サイドバー領域の<div id="sub">が横に並んでいます。2つの<div>を横に並ばせるために、floatプロパティを使用しています。

【ページの基本的な構造】

ページ全体の基本的なレイアウトは、style.cssから読み込んでいるcommon.cssで定義されています。このcommon.cssの中で、<div id="main">に適用されるスタイルにfloat:leftが、<div id="sub">に適用されるほうにfloat:rightが設定されています。結果的に、<div id="main">はその親要素である<div id="contents">の左上に、<div id="sub">は右上に配置されます。

【common.css】

```
...
#contents {
  width: 800px;
  margin: 0 auto 0 auto;
  overflow: hidden;
}
#main {
  width: 570px;
  margin-bottom: 30px;
  float: left;
}
#sub {
  width: 200px;
  float: right;
}
```

「#main」「#sub」にそれぞれ float が適用されている

【float:left なら親要素の左上に、float:right なら親要素の右上に配置される】

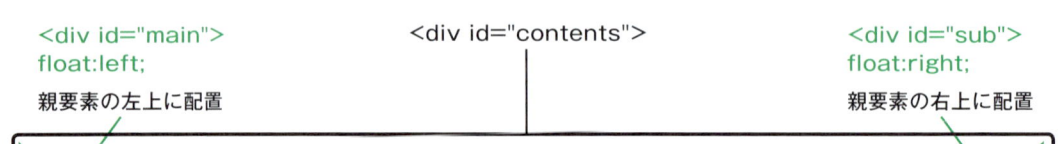

<div id="main">
float:left;
親要素の左上に配置

<div id="contents">

<div id="sub">
float:right;
親要素の右上に配置

■ 横に並べるレイアウトは、幅の合計値が親要素の幅を超えないようにする

common.css に書かれた CSS を見ると、<div id="main"> には幅 570 ピクセル、<div id="sub"> は幅 200 ピクセルになっています。また、それらの親要素 <div id="contents"> の幅は 800 ピクセルになっています（前掲 common.css のソースコードを参照）。ボックスを 2 つ以上横に並べる場合は、並べるボックスの横幅（width、padding、border、margin の合計値）が、親要素の幅を超えないようにします。

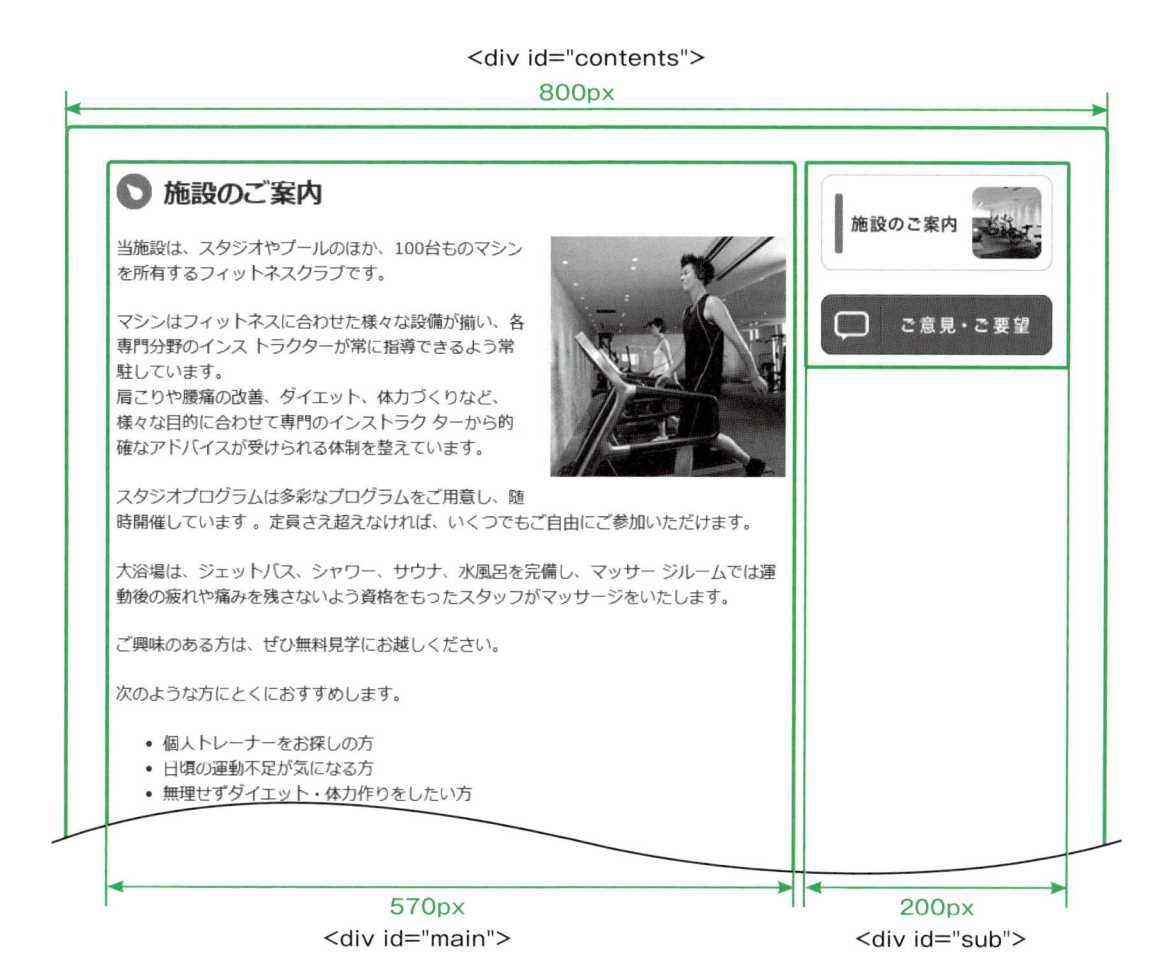

<div id="contents">
800px

570px
<div id="main">

200px
<div id="sub">

■フッターは横に並べないので float を解除する

<div id="main"> と <div id="sub"> を横に並べた float は、フッター（<footer>）まで横に並んでしまわないように解除します。ボックスを横に並べるような、レイアウトのために使用した float を解除するには、一般的に clear プロパティを使わず、overflow プロパティを使うか、clearfix と呼ばれるテクニックを使用します。

■ overflow プロパティ

overflow は、本来はボックスに入りきらないコンテンツの表示を制御するための CSS プロパティです※。しかし、その仕様上、float を解除する clear プロパティの代用としても使えます。float を適用している要素の親要素に overflow:hidden を設定しておけば、後続の要素が回り込まなくなります。common.css でいえば、<div id="main"> や <div id="sub"> の親要素である <div id="contents"> に適用されるスタイルに記述されています。

※第 6 章「overflow プロパティ、overflow-x プロパティ、overflow-y プロパティ」（P.167）

【common.css】

```
...
#contents {
  width: 800px;
  margin: 0 auto 0 auto;
  overflow: hidden;
}
...
```

> **One Point　ボックスを親要素の中央に配置する**
>
> ボックスの幅を指定して、さらに左マージン、右マージンの値を「auto」にしておくと、親要素の中央に配置されるようになります。実習しているサイトでは、<div id=" #contents" > の CSS（common.css）にスタイルが書かれています。
>
> 【common.css】
>
> ```
> ...
> #contents {
>   width: 800px;
>   margin: 0 auto 0 auto;
>   ...
> }
> ...
> ```

<div id="#contents"> の親要素は <body> なので、コンテンツ領域はページの中央に配置されるようになります。

【左右マージンに auto を指定しておけば、<div id="#contents"> はページの中央に配置される】

■ clearfix テクニック

overflow プロパティを使わず、clearfix というテクニックを使うこともあります。overflow と同じく、float が適用された要素の親要素に、次のような CSS を適用します。clearfix を使用する場合は、HTML の <div id="contents"> に class 属性として「clearfix」を追加します。overflow も clearfix も効果は変わらないので、どちらを使ってもかまいません。

【clearfix テクニックの使用例（サンプル：c04-clearfix/info.html）】
【info.html】

```html
<div id="contents" class="clearfix">
```

【common.css】

```css
...
#contents {
  width: 800px;
  margin: 0 auto 0 auto;
/* overflow: hidden; */
}
.clearfix::after {
  content: " ";
  display: block;
  clear: both;
  font-size: 0;
}
...
```

One Point　ページのレイアウトに使われる float、clear 以外の方法

CSS でレイアウトの操作を行わない限り、HTML は基本的に上から順に、縦に並んで配置されます。CSS の float プロパティを使えばボックスを横に並べることができますが、それ以外にも、要素を自由に配置する方法があります。それが、位置指定による要素の配置です。

【CSS で操作しない限り、要素は縦に配置される】

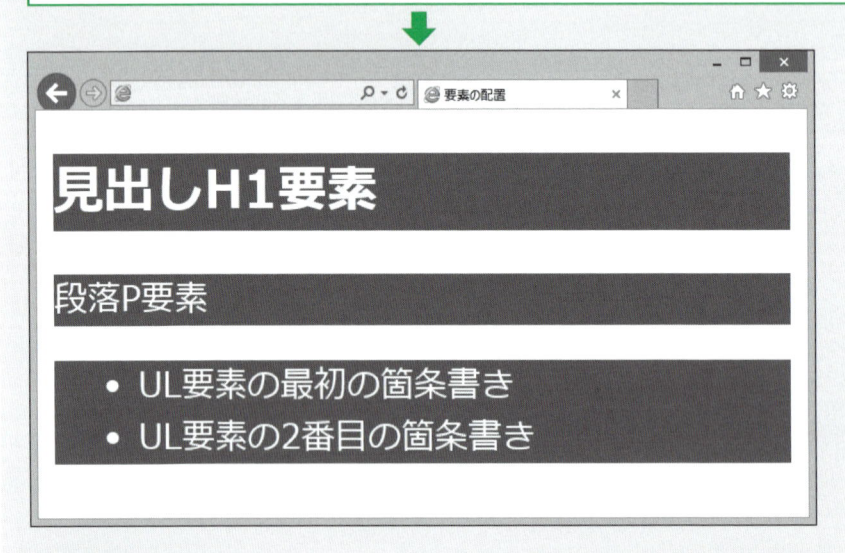

```
<body>
    <h1>見出しH1要素</h1>
    <p>段落P要素</p>
    <ul>
        <li>UL要素の最初の箇条書き</li>
        <li>UL要素の2番目の箇条書き</li>
    </ul>
</body>
```

位置指定とは

位置指定とは、要素の位置を座標で指定して配置する方法です。位置指定を使用すれば要素を自由な位置に配置することができて、レイアウトの幅が広がります。特に、絶対位置指定と呼ばれる配置がよく使われます。

絶対位置指定の CSS はパターン化されています。ポイントは次の 3 点です。
・位置指定をしたい要素に position:absolute; を指定する
・その親要素に position:relative を指定する
・位置指定をしたい要素に座標を指定する。座標の指定には top、left、bottom、right プロパティのいずれかを使う

【絶対位置指定の基本パターン】
【HTML】

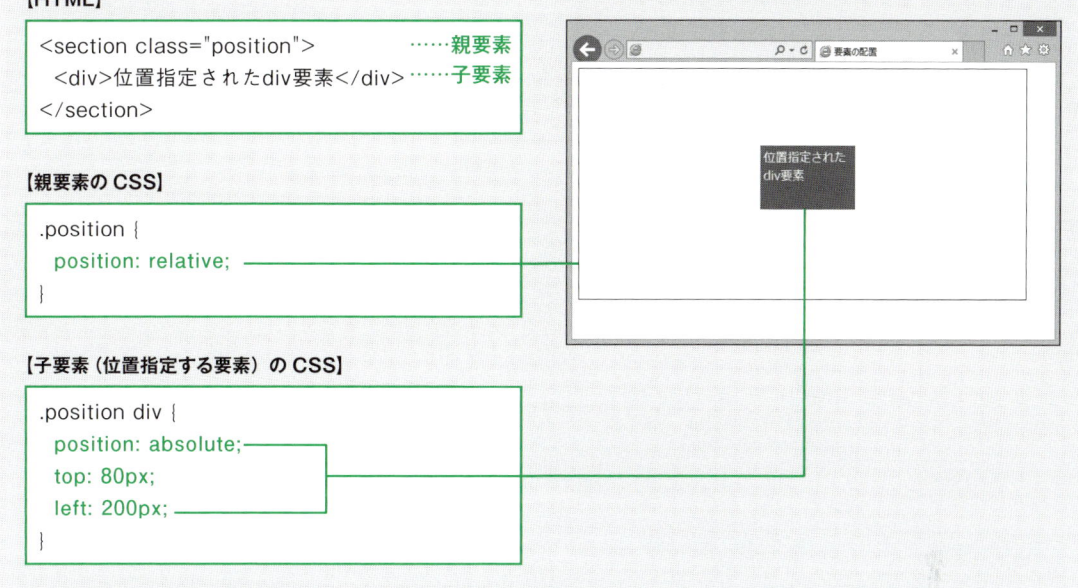

```
<section class="position">       ……親要素
  <div>位置指定されたdiv要素</div> ……子要素
</section>
```

【親要素のCSS】

```
.position {
  position: relative;
}
```

【子要素（位置指定する要素）のCSS】

```
.position div {
  position: absolute;
  top: 80px;
  left: 200px;
}
```

【position プロパティの書式】

positon: relative、absolute、fixed、static のいずれか;

【position プロパティの値】

プロパティ	説明
relative	要素を相対的な位置指定で配置する。一般的には、絶対位置で配置したい要素の親要素に指定する
absolute	要素を絶対的な位置指定で配置する
fixed	要素をブラウザーのビューポート※に対して絶対的な位置で配置する
static	要素の位置指定をしない。すべてのタグのデフォルト値

※「position:fixed; で位置を固定する」（P.121）

【top、left、bottom、right プロパティ】

プロパティ	説明	値
top	position:relative などが適用されている親ボックスの上からの距離	数値、一般的に単位は px、em、% などを使用する
left	同左からの距離	
bottom	同下からの距離	
right	同右からの距離	

▊ position:absolute; で絶対的な位置指定をする

position:absolute が指定された要素は、position:static 以外の値が指定された親要素のボックスを基点として、座標を指定して配置できます。基点にしたい親要素には、通常は position:relative を指定します。

【絶対位置指定の例（サンプル：c04-absolute.html）】

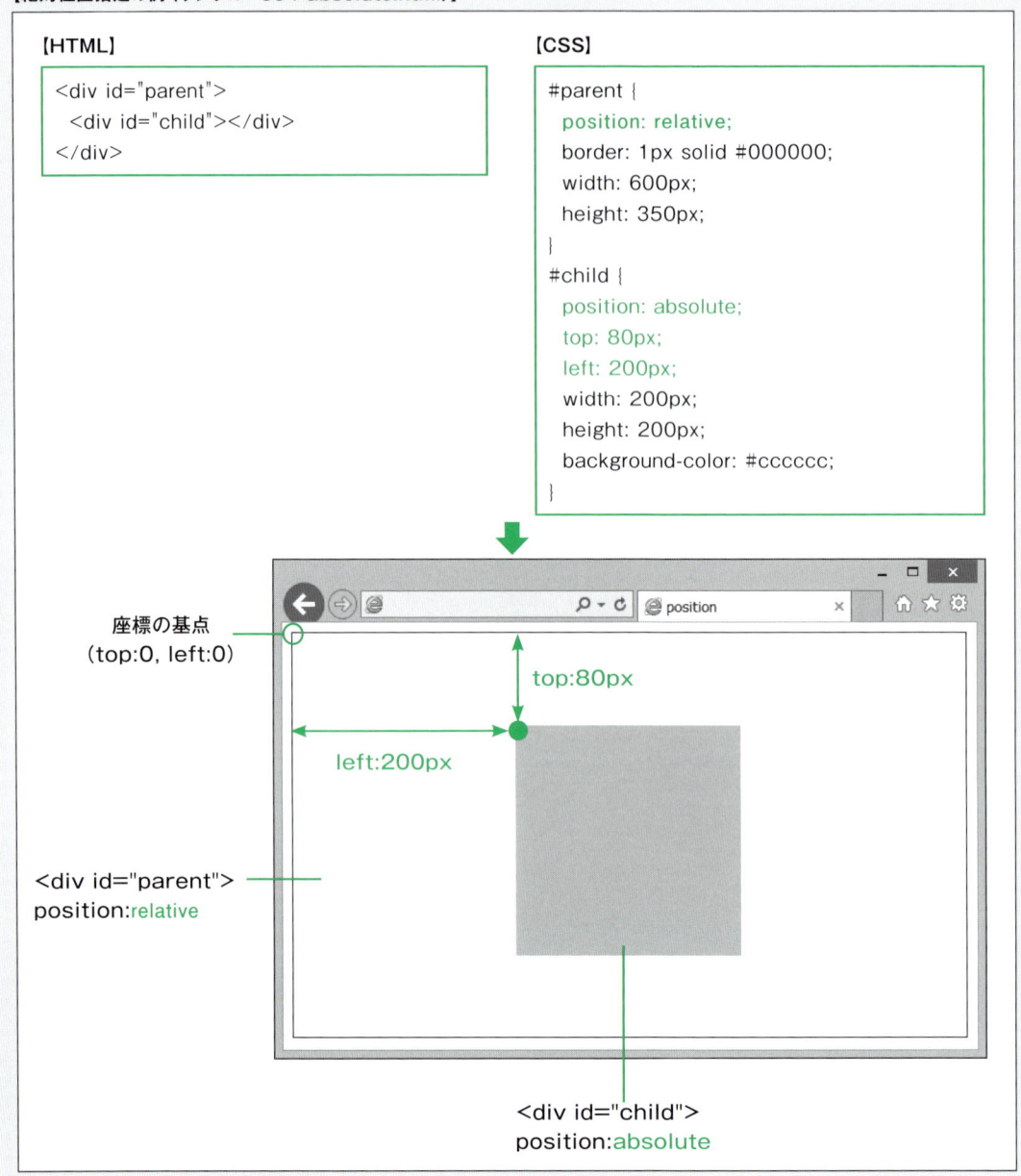

【HTML】

```
<div id="parent">
  <div id="child"></div>
</div>
```

【CSS】

```
#parent {
  position: relative;
  border: 1px solid #000000;
  width: 600px;
  height: 350px;
}
#child {
  position: absolute;
  top: 80px;
  left: 200px;
  width: 200px;
  height: 200px;
  background-color: #cccccc;
}
```

座標の基点
（top:0, left:0）

top:80px

left:200px

<div id="parent">
position:relative

<div id="child">
position:absolute

▌position:fixed; で位置を固定する

position:fixed が指定された要素は、ビューポートと呼ばれる、ブラウザーウィンドウのHTML表示エリアを基点として配置されます。ビューポートが基点なので、ページをスクロールしてもその要素だけ位置が固定されているように見えます。position:relative が適用された親要素も必要ありません。

【position プロパティを fixed にしたときの例（サンプル：c04-fixed.html）】

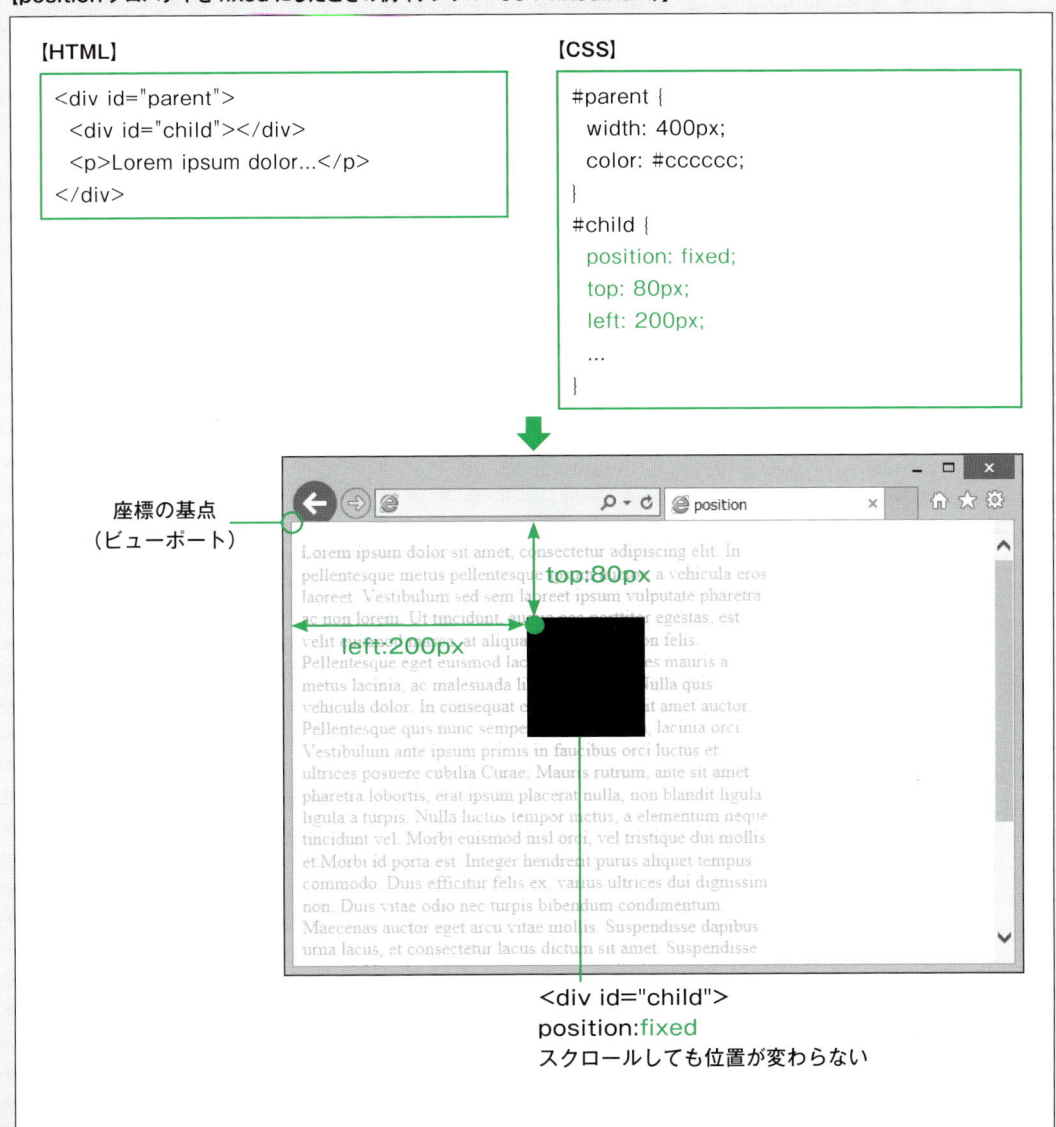

【HTML】
```
<div id="parent">
  <div id="child"></div>
  <p>Lorem ipsum dolor...</p>
</div>
```

【CSS】
```
#parent {
  width: 400px;
  color: #cccccc;
}
#child {
  position: fixed;
  top: 80px;
  left: 200px;
  ...
}
```

座標の基点
（ビューポート）

top:80px
left:200px

<div id="child">
position:fixed
スクロールしても位置が変わらない

▌position:static;

通常配置の状態です。座標指定をする top、left、bottom、right プロパティは使用できません。

4-9 箇条書きのスタイルを変更する

箇条書きのスタイルを変更します。<ul>の各項目には、デフォルトでは先頭に「・」が付きますが、これを別のマークにします。

▶ 箇条書きのマークを変更する

メイン領域にある箇条書きの各項目に付いている「・」を、白丸に変更します。

■ list-style-type を適用する

1 <article> に含まれる <ul> に適用される CSS を追加します。セレクターが「.float_clear」になっているルールの次に記述します。

【style.css】

```
...
/* 「施設のご案内」ページ ここから↓ */
...
.float_clear {
  clear: both;
}
article ul {
  list-style-type: circle;
}
/* 「施設のご案内」ページ ここまで↑ */
...
```

2 info.html をブラウザーで開きます。リスト各項目の先頭が白丸になっています。

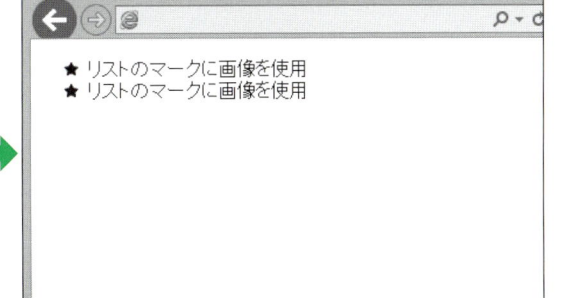

解説 list-style-typeプロパティ

list-style-type は、箇条書き各項目の先頭に付くマークを変更するプロパティです。

【list-style-type】

list-style-type: マークの形状;

【list-style-type プロパティの値】

プロパティ値	説明	表示結果
disc	黒丸。<ul> のデフォルト	• リスト項目1 • リスト項目2
circle	白丸	◦ リスト項目1 ◦ リスト項目2
square	四角形	▪ リスト項目1 ▪ リスト項目2
decimal	10進数。<ol> のデフォルト	1. リスト項目1 2. リスト項目2
none	マークを付けない	リスト項目1 リスト項目2

■ list-style-image プロパティ

list-style-type のほかにも、箇条書きに適用できるプロパティがあります。list-style-image プロパティを使うと、マークに画像を使用することができます。

ただし、マークの画像とテキストの余白などの調整などが難しいため、list-style-image プロパティを使用せず、background プロパティで代用することが多いです。

【list-style-image】

list-style-image: url(画像へのパス);

【list-style-image の例（サンプル：c04-liststyle/index.html）】

【CSS】

```
ul {
  list-style-image: url(images/star.png);
}
```

【HTML】

```
<ul>
  <li>リストのマークに画像を使用</li>
  <li>リストのマークに画像を使用</li>
</ul>
```

★ リストのマークに画像を使用
★ リストのマークに画像を使用

4 各ページの作成

list-style-position プロパティ

箇条書きのマークは、デフォルトでは <ul> のボックスの外側に表示されます。list-style-position プロパティで、マークの表示位置を変更することができます。このプロパティのデフォルト値は outside です。

【list-style-position】

list-style-position: outside または inside;

【list-style-position のプロパティ値】

プロパティ値	説明	表示例
outside	マークをボックスの外側に表示する	・list-style-position:outsideにすると、各項目のマークは外側に表示されます。
inside	マークをボックスの内側に表示する	・list-style-position:insideにすると、マークは内側に表示されます。

list-style プロパティ

list-style はショートハンド・プロパティで、list-style-type、list-style-image、list-style-position プロパティを一括で指定することができます。それぞれの値を半角スペースで区切って列挙します。プロパティ値の順序は問いません。

なお、list-style-type の値と list-style-image の値を両方とも指定した場合は、list-style-image のほうが優先され、「・」などの記号ではなく画像が表示されます。

【list-style】

list-style: list-style-typeの値 list-style-imageの値 list-style-positionの値;

第5章 ▶
テーブルとそのスタイル

「料金プラン」ページを作成する
テーブルを作成する
テーブルのCSSを編集する

5-1 第5章 ▶ テーブルとそのスタイル

「料金プラン」ページを作成する

これから「料金プラン」ページを作成します。このページにはテーブル（表）が含まれています。テーブルはHTMLもCSSも少し特殊なので、しっかりマスターしましょう。

▶ ページのタイトルと見出しを書き替える

fee.html を編集して「料金プラン」ページを作成します。fee.html はもともと「施設のご案内」ページ（info.html）を複製して作っているので、タイトルや見出しがそのままです。まずは、これらをページの内容に見合うものに変えます。

■ <title>、<h1> の内容を書き替える

1 fee.html をテキストエディターで開きます。<title> とメイン領域の <h1> の内容を書き替えます。

【fee.html】

```
<!DOCTYPE html>
<html lang="ja">
<head>
<meta charset="utf-8">
<title>料金プラン - HAPPINESS FITNESS CLUB</title>
<link rel="stylesheet" href="css/style.css">
</head>

<body>
<header>
  ...
</header>
<div id="contents">
  <div id="main">
    <article>
      <h1>料金プラン</h1>
    </article>
  </div>
  ...
</div>
...
</body>
</html>
```

126

5-2 第5章 ▶ テーブルとそのスタイル

テーブルを作成する

テーブルは専用のHTMLタグで作成します。まずは基本的なタグを使ってシンプルなテーブルを作成します。それから、見出しの行列を設定したり、セルを結合したりしてテーブルを完成させます。

● 基本的なテーブルを作成する

fee.html のコンテンツ領域に、まずは基本的なテーブルを作成します。ソースが少し長いので注意して記述してください。

■ テーブルの HTML を記述する

1 メイン領域の見出し（<h1>）の次の行から、テーブルの HTML を記述します。

【fee.html】

```
...
<div id="main">
  <article>
    <h1>料金プラン</h1>
    <table>
      <caption><strong>ご利用料金</strong><p>ご利用する時間帯、料金をご確認いただき、ご希望に合った会員プランをお選びください。また、入会金、年会費等は一切かかりませんので、お気軽にご入会ください。</p>
</caption>
      <tr>
        <th>会員プラン</th>
        <th>利用時間</th>
        <th>金額</th>
      </tr>
      <tr>
        <td>正会員A(全施設利用)</td>
        <td>10:00-23:00</td>
        <td>9,625円/月</td>
      </tr>
      <tr>
        <td>正会員B(プールのみ利用)</td>
        <td>10:00-23:00</td>
        <td>3,980円/月</td>
      </tr>
      <tr>
        <td>デイ会員</td>
        <td>10:00-18:00</td>
        <td>6,890円/月</td>
      </tr>
      <tr>
        <td>都度会員</td>
        <td>10:00-23:00</td>
        <td>ご利用1回ごとに<br>2,030円</td>
      </tr>
    </table>
  </article>
</div>
...
```

2 fee.html をブラウザーで開き、表示を確認します。テーブルが表示されます。

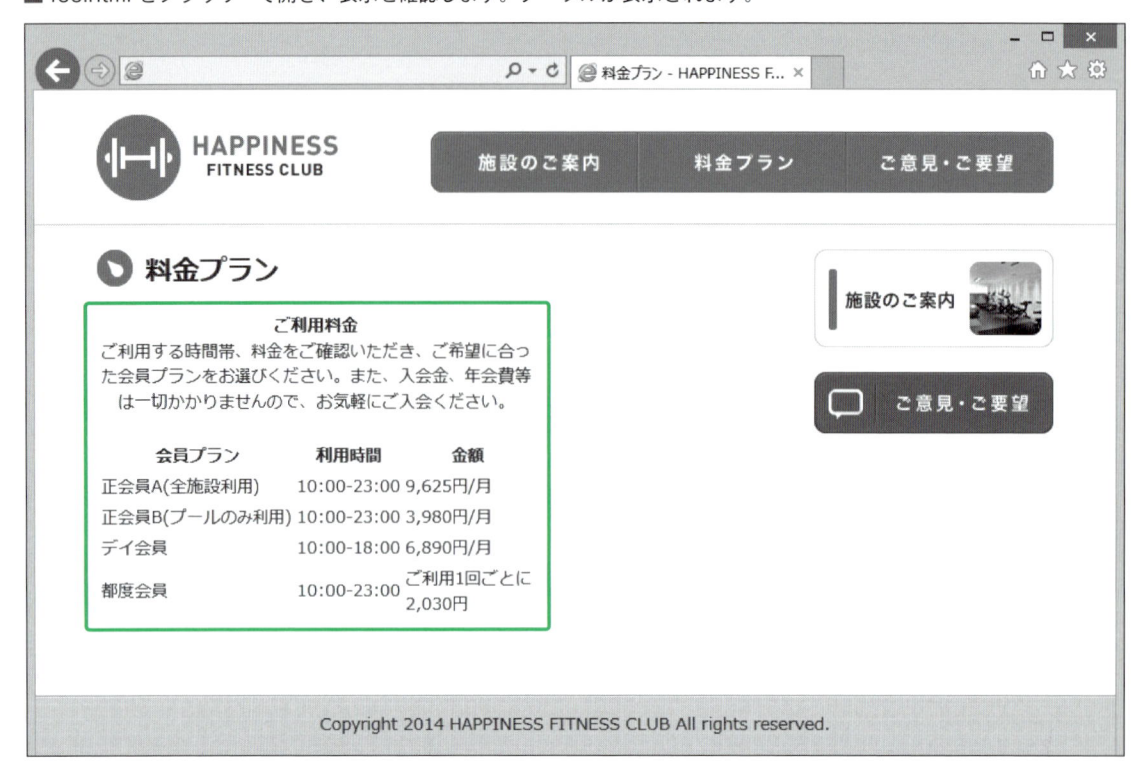

解説 テーブルのタグ

テーブルを作成する場合は <table> タグを使用します。<table> タグの要素の内容として、テーブル行の定義は <tr> で行い、さらに、1 行の間に含まれる列を <td> または <th> で定義します。

<tr>

<tr> はテーブル行を意味します。<tr> の要素の内容として含まれる <td> もしくは <th> が、その行に含まれるセルを形成します。
<table> には、最低 1 つ以上の <tr> を含めます。

<td> と <th>

<td> と <th> は、ともにテーブル列のセルを意味するタグです。<td> が一般的なセル（データセル）、<th> が見出しセルです。<th> はデフォルト CSS ※により、太字のテキストが中央揃えで表示されます。
※第 4 章「ブラウザーのデフォルト CSS」（P.98）

<caption>

テーブルにキャプションを含める場合は、<caption> タグを使用します。<caption> タグは、必ず <table> 開始タグのすぐ次に記述します。

▶ 確認のためborder属性を追加する

HTML4系では、<table>タグにborder属性を追加するのがほぼ当たり前だったのですが、HTML5では原則として使用しません。ただ、今のままではテーブルに罫線が引かれず状態を確認しづらいので、確認のためにborder属性を追加します。なお、追加するborder属性はあとで削除します。

■ 一時的にborder属性を追加する

1 <table>タグにborder属性を追加します。

【fee.html】

```
...
<table border="1">
  ...
</table>
...
```

2 fee.htmlをブラウザーで開きます。テーブルに罫線が引かれます。

解説 border属性

<table>タグにborder属性を追加すると、CSSを使用せずにテーブルの罫線を引くことができます。HTML5では、border属性の値は必ず「1」にします。それ以外の値は認められていません。見た目の操作はCSSで行うのが原則なので、HTMLの編集が完了したらこの属性は削除します。

見出しに関連するセルを指定する

作成したテーブルの1行目はすべて <th> タグを使用していて、見出しセルになっています。<th> には scope 属性があり、見出しに関連するセルを指定することができます。今回は <th> に scope 属性を追加します。

■ すべての <th> に scope 属性を追加する

1 <th> に属性を追加します。

【fee.html】

```
...
<table>
  <caption>...</caption>
  <tr>
    <th scope="col">会員プラン</th>
    <th scope="col">利用時間</th>
    <th scope="col">金額</th>
  </tr>
  ...
</table>
...
```

解説 scope属性

<th> に追加できる scope 属性は、その見出しに関連するのが同じ列にあるセルなのか、同じ行にあるセルなのかを指定します。scope 属性の値を「col」にした場合、同じ列にあるセルが見出しセルと関連することになります。値を「row」にした場合は、同じ行にあるセルが見出しセルと関連することになります。

【見出し <th> セルと <td> セルの関係】

<th scope="col">

会員プラン	利用時間	金額
正会員A(全施設利用)	10:00-23:00	9,625円/月
正会員B(プールのみ利用)	10:00-23:00	3,980円/月

<th scope="row">

会員プラン	正会員A(全施設利用)	正会員B(プールのみ利用)
利用時間	10:00-23:00	10:00-23:00
金額	9,625円/月	3,980円/月

見出しに関連するセル

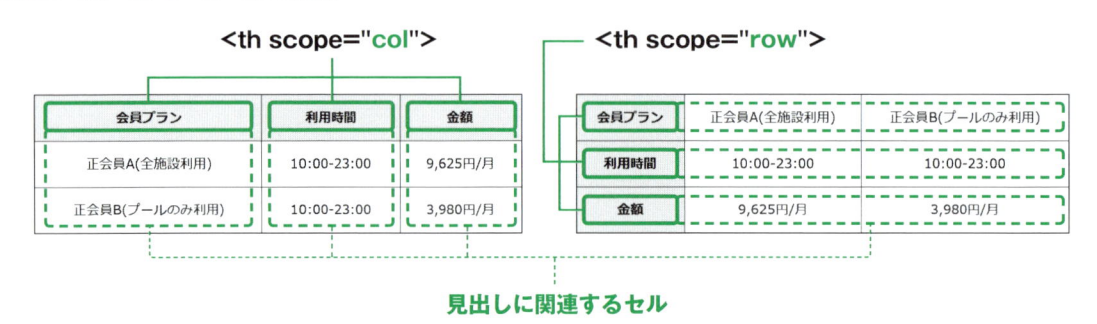

【scope 属性】

```
<th scope="関連するセルの方向">
```

【scope 属性の値】

プロパティ値	説明
col	<th> と同じ列にある後続のセルが関連する
row	<th> と同じ行にある後続のセルが関連する
colgroup	<th> と同じ列にある後続のセルが関連し、次の行以降の各セルにも同じ関連性が維持される
rowgroup	<th> と同じ行にある後続のセルが関連し、次の列以降の各セルにも同じ関連性が維持される

● セルを結合する

テーブルのセルは縦横に結合することができます。ここでは、2列目の2行目と3行目のセルを結合して1つにまとめます。

■2列目2、3行目のセルを結合する

■ 2列目、2行目の <td> に属性を追加します。また、2列3行目の <td> ~ </td> を削除します。

【fee.html】

```
...
<table border="1">
  <caption>...</caption>
  <tr>
    <th scope="col">会員プラン</th>
    <th scope="col">利用時間</th>
    <th scope="col">金額</th>
  </tr>
  <tr>
    <td>正会員A(全施設利用)</td>
    <td rowspan="2">10:00-23:00</td>
    <td>9,625円/月</td>
  </tr>
  <tr>
    <td>正会員B(プールのみ利用)</td>
    <td>10:00-23:00</td>        ———— 削除
    <td>3,980円/月</td>
  </tr>
  <tr>
    <td>デイ会員</td>
    ...
  </tr>
  <tr>
    <td>都度会員</td>
    ...
  </tr>
</table>
...
```

2 fee.html をブラウザーで開きます。2列目「利用時間」の2、3行目が結合されています。

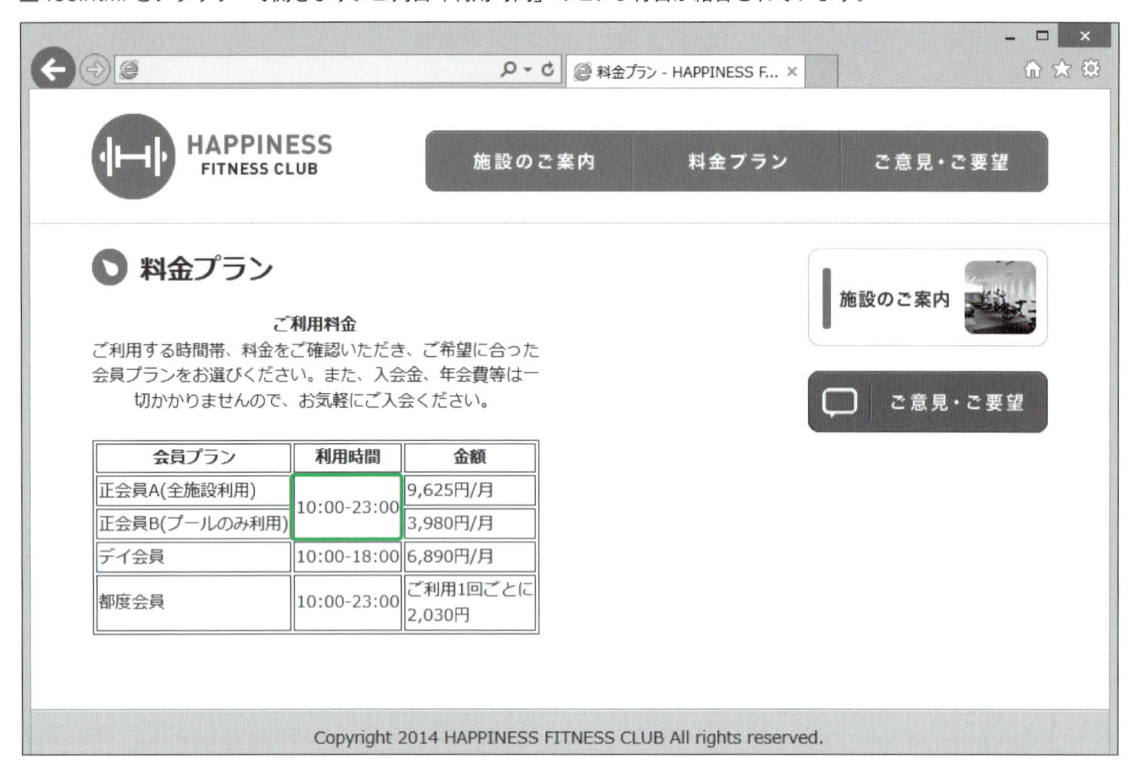

解説 rowspan属性、colspan属性

rowspan 属性は、同じ列の隣接するセルを結合する属性です。属性値は結合するセルの数にします。colspan 属性は、同じ行の隣接するセルを結合するときに使います。

【colspan 属性の例。同じ行の隣接するセルを結合する】

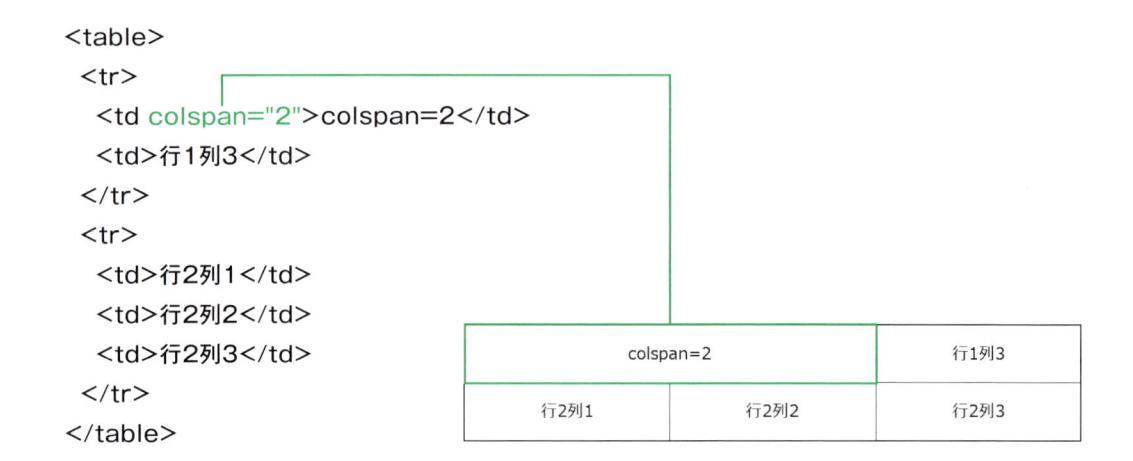

```
<table>
 <tr>
  <td colspan="2">colspan=2</td>
  <td>行1列3</td>
 </tr>
 <tr>
  <td>行2列1</td>
  <td>行2列2</td>
  <td>行2列3</td>
 </tr>
</table>
```

■ セルを結合するときの注意

セルの結合には rowspan 属性、colspan 属性を使い、その属性値を結合するセルの数にするわけですが、注意すべき点があります。それは、結合されるほうのセル、今回の実習例では 3 行目の <td> を削除しておかなければならないということです。結合されるセルを削除しないとテーブルが正しく表示されません。

● テーブルに 1 行追加する

テーブルの 4 行目と 5 行目の間に 1 行追加します。「会員プラン」は「ナイト会員」、「利用時間」は「18:00-23:00」、「金額」は「7,950 円 / 月」にします。タグは今までに実習してきているので、まずは自分で書けるかどうか試してみてください。

■「ナイト会員」の情報を 4 行目と 5 行目の間に追加する

1 HTML を追加します。

【fee.html】

```html
...
<table border="1">
  <caption>...</caption>
  <tr>
    ...
  </tr>
  <tr>
    ...
  </tr>
  <tr>
    ...
  </tr>
  <tr>
    <td>デイ会員</td>
    ...
  </tr>
  <tr>
    <td>ナイト会員</td>
    <td>18:00-23:00</td>
    <td>7,950円/月</td>
  </tr>
  <tr>
    <td>都度会員</td>
    ...
  </tr>
</table>
...
```

❷ fee.html をブラウザーで開きます。「デイ会員」と「都度会員」の間に1行、「ナイト会員」が追加されています。

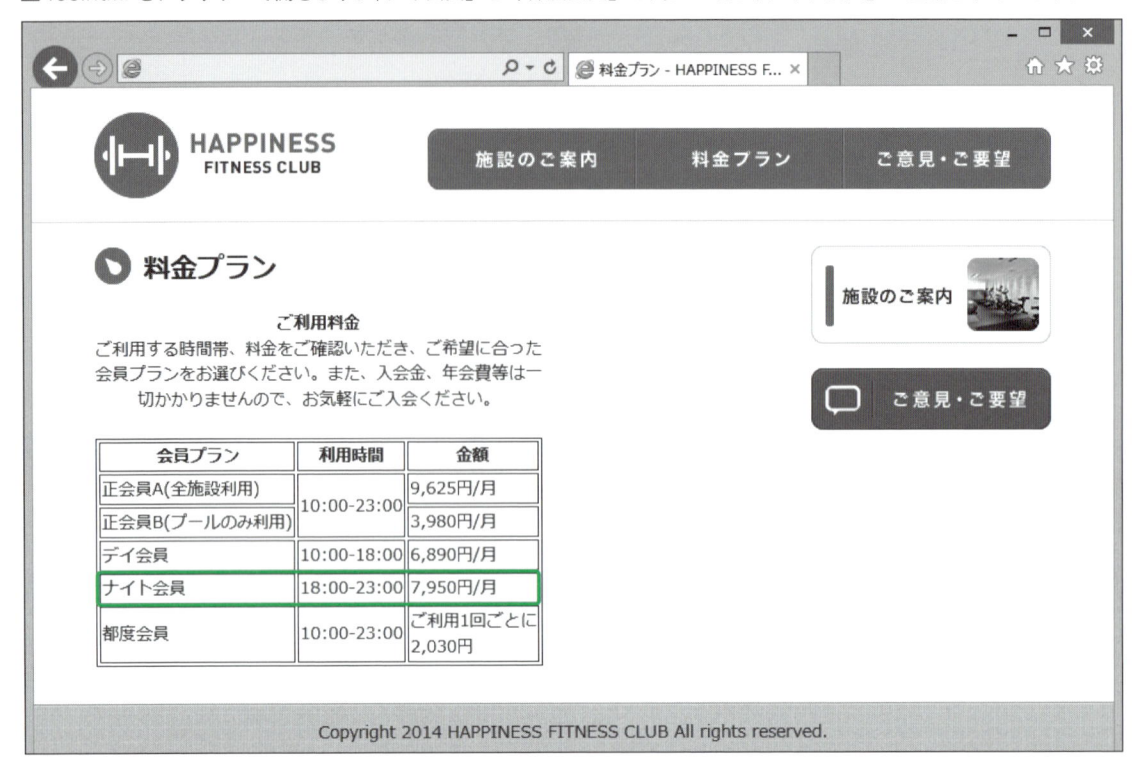

● 一部のセルに属性を追加する

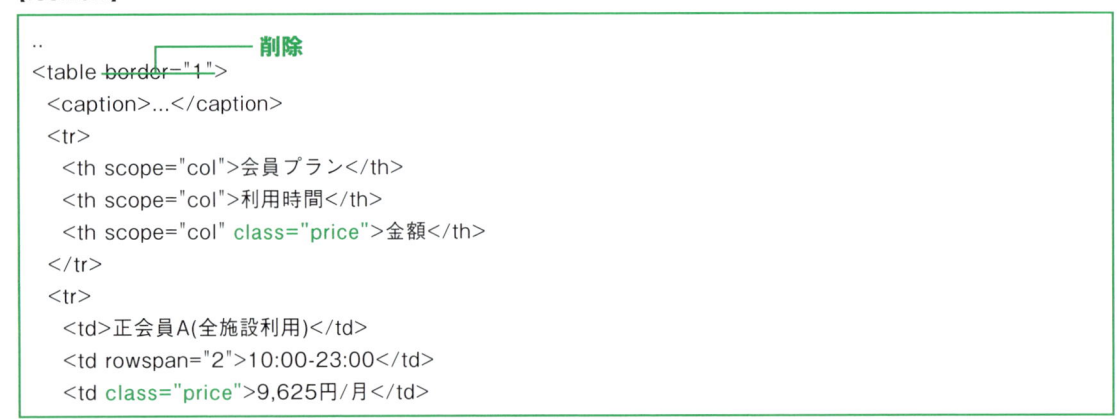

HTML の編集はほぼ終わりました。最後に、CSS を適用できるよう「金額」列のセルすべてに class 属性を追加します。属性値は「price」にします。また、<table> に追加した border 属性を削除します。

■ 3列目のセルに「class="price"」を追加する

❶ 3列目のすべての <th>、<td> に class 属性を追加します。<table> の border 属性を削除します。

【fee.html】

```
..                        ── 削除
<table border="1">
  <caption>...</caption>
  <tr>
    <th scope="col">会員プラン</th>
    <th scope="col">利用時間</th>
    <th scope="col" class="price">金額</th>
  </tr>
  <tr>
    <td>正会員A(全施設利用)</td>
    <td rowspan="2">10:00-23:00</td>
    <td class="price">9,625円/月</td>
```

```
  </tr>
  <tr>
    <td>正会員B(プールのみ利用)</td>
    <td class="price">3,980円/月</td>
  </tr>
  <tr>
    <td>デイ会員</td>
    <td>10:00-18:00</td>
    <td class="price">6,890円/月</td>
  </tr>
  <tr>
    <td>ナイト会員</td>
    <td>18:00-23:00</td>
    <td class="price">7,950円/月</td>
  </tr>
  <tr>
    <td>都度会員</td>
    <td>10:00-23:00</td>
    <td class="price">ご利用1回ごとに<br>2,030円</td>
  </tr>
</table>
...
```

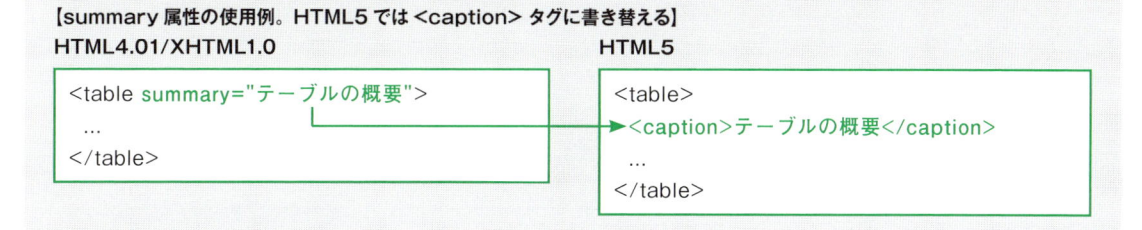

One Point ― <table> の summary 属性は廃止

HTML4系では、<table>タグにsummary属性を追加することができました。summary属性には、テーブルの概要や構造を書いておきます。読み上げブラウザーが読み上げるために使われ、一般的なブラウザーはsummary属性の内容を表示しません。

HTML5でsummary属性は廃止されました。テーブルに概要などを付けたい場合は、代わりに<caption>タグを使用します。

【summary属性の使用例。HTML5では<caption>タグに書き替える】

HTML4.01/XHTML1.0

```
<table summary="テーブルの概要">
  ...
</table>
```

HTML5

```
<table>
  <caption>テーブルの概要</caption>
  ...
</table>
```

5-3 テーブルのCSSを編集する

CSSでテーブルの見た目を整形していきます。テーブルの整形には、table-layoutプロパティやborder-collapseプロパティを使用します。

▶ テーブル全体のCSSを記述する

style.css を編集して、まずテーブル全体の幅やマージンを設定します。それと同時に、罫線の引き方を決めるプロパティも記述します。

■ テーブルの幅、マージンなどを設定する

1 style.css を開きます。`<table>` に適用される CSS を、コメント文「/*「料金プラン」ページ ここから↓ */」と「/*「料金プラン」ページ ここまで↑ */」の間に記述します。

【style.css】

```css
...
/*「料金プラン」ページ ここから↓ */
table {
  width: 568px;
  margin-bottom: 20px;
  border-collapse: collapse;
}
/*「料金プラン」ページ ここまで↑ */
...
```

2 fee.html をブラウザーで開きます。テーブルが横に広がっています。

解説 テーブルの基本的な表示

CSS を適用しない限り、テーブルはセル（<th>、<td>）内のコンテンツが収まる最小限の幅で表示されます。テーブル全体の幅を指定するには、<table> に width プロパティを適用します。

■ table-layout プロパティ

<table> に width プロパティと table-layout プロパティを同時に適用すると、各列の幅を自動（auto）にするか、均等（fixed）にするかを変更することができます。

auto を指定した場合は、各列の幅はコンテンツの量によって変わり fixed を指定した場合はコンテンツの量にかかわらず、各列の幅が均等になります。デフォルト CSS では auto が指定されています。

【table-layout プロパティの auto と fixed の違い】

table-layout:auto;
コンテンツ量に応じてセルの幅が決定される

table-layout:fixed;
セルの幅が均等になる

解説 border-collapseプロパティ

border-collapse はテーブルの罫線の引き方を決めるプロパティです。プロパティ値は separate と collapse の2種類です。separate にすると罫線はセルごとに引かれ、2重に囲まれたようになります。collapse にすると隣接するセルの罫線が1本にまとめられます。

【border-collapse: separate と collapse の違い】

border-collapse:separate;　　　　**border-collapse:collapse;**

【border-collapse プロパティの書式】

border-collapse: テーブルの罫線の引き方;

One Point　border-spacing プロパティ

border-collapse プロパティの値が separate になっているときはセルごとに罫線が引かれます。border-spacing プロパティを使えばその罫線と罫線の間のスペースを調整することができます。

【border-spacing プロパティの書式】

border-spacing: 罫線と罫線の間のスペース;
border-spacing: 横方向のスペース 縦方向のスペース;

【border-spacing プロパティの具体例（サンプル：c05-spacing.html）】

```
table {
  border-collapse: separate;
  border-spacing: 60px 40px;
  border: 2px solid #000000;
}
td {
  border: 2px solid #000000;
}
```

▶ キャプションを左揃えにする

テーブルのキャプションのテキストを左揃えにします。

■ \<caption\> に CSS を適用する

1 \<table\> 内の \<caption\> に適用されるスタイルを、「table」がセレクターになっているルールの次に記述します。

【style.css】

```
...
/* 「料金プラン」ページ ここから↓ */
table {
  width: 568px;
  margin-bottom: 20px;
  border-collapse: collapse;
}
table caption {
  text-align: left;
}
/* 「料金プラン」ページ ここまで↑ */
...
```

2 fee.html をブラウザーで開きます。テーブルのキャプションのテキストが左揃えになっています。

【作業前】

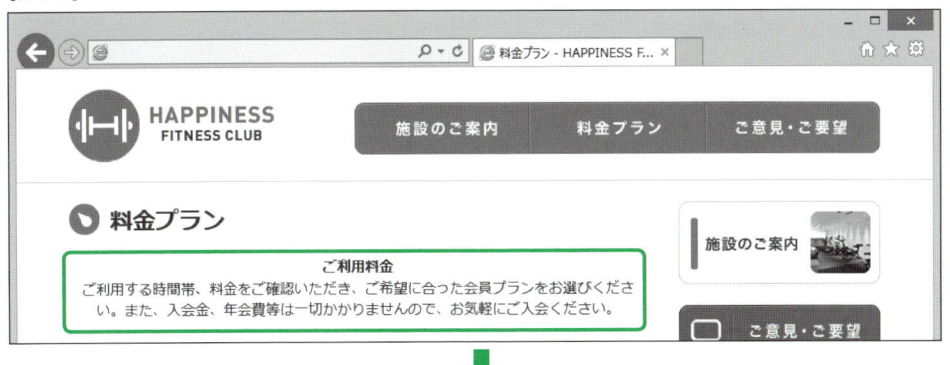

【作業後】

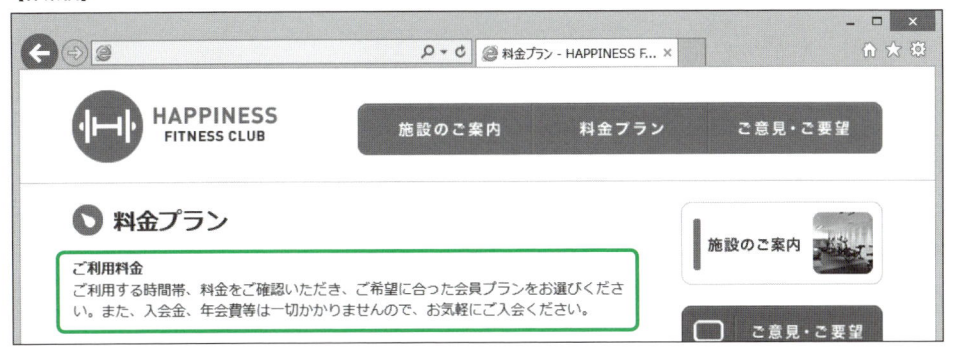

解説 text-alignプロパティ

text-align はテキストの行揃えを指定するプロパティです。

【text-align プロパティ】

text-align: 行揃えの位置;

【text-align プロパティの値】

プロパティ値	説明
left	テキストを左揃えにする
right	テキストを右揃えにする
center	テキストを中央揃えにする

● セルに罫線を引く

テーブルのセルの幅を設定し、罫線を引きます。各セルのテキストと罫線がくっつかないように、パディングを設定してゆとりを持たせます。また、各セルのテキストは中央揃えにします。

■ <th>、<td> にスタイルを適用する

1 <th>、<td> に適用されるスタイルを、「table caption」がセレクターになっているルールの次に記述します。

【style.css】

```
...
/* 「料金プラン」ページ ここから↓ */
...
table caption {
  text-align: left;
}
table th, table td {
  border: 1px solid #7aa7a2;
  padding: 10px;
  width: 190px;
  text-align: center;
}
/* 「料金プラン」ページ ここまで↑ */
...
```

2 fee.html をブラウザーで開きます。テーブルに罫線が引かれています。また各セルにパディングを設定しているので、全体にゆったりしたレイアウトになりました。

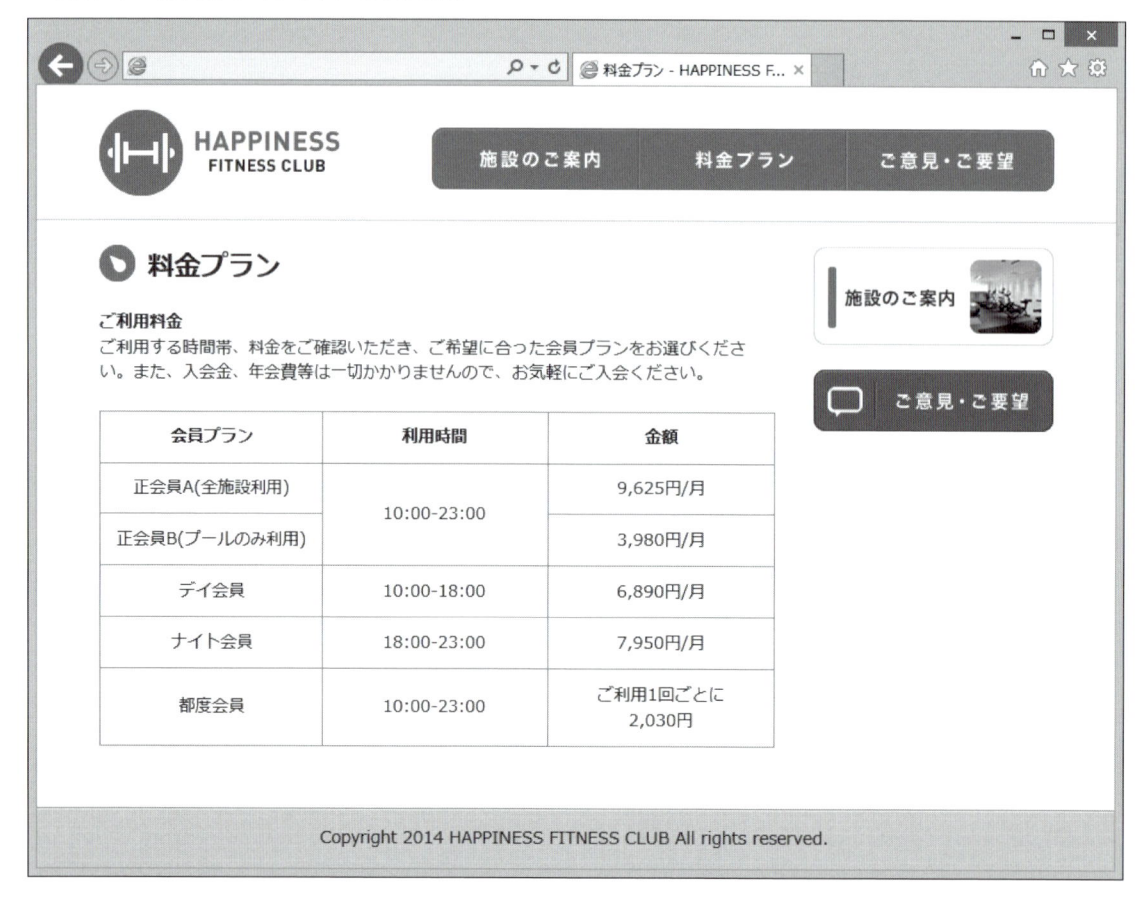

解説 複数のセレクターをグループ化する

複数のセレクターをカンマ（,）で区切って列挙すると、1つの宣言ブロックに対して複数のセレクターを割り当てることができます。今回記述したCSSのセレクターは「table th」と「table td」で、テーブルのすべてのセルにスタイルが適用されることになります。

解説 borderプロパティ

borderは、要素のボックスの4辺にボーダーラインを引くプロパティです。プロパティ値には「線の太さ」「線の形状」「線の色」を半角スペースで区切って列挙します。値の順序は問いません。

【borderプロパティの書式】

border: 線の太さ 線の形状 線の色;

■ ボーダーラインの線の形状

borderプロパティの線の形状を指定するには次のキーワードを使用します。値を書き替えて試してみてください。

【borderプロパティに線の形状を指定するキーワード】

キーワード	説明	表示例
solid	実線	solid
double	二重線＊	double
groove	溝線＊	groove
ridge	稜線＊	ridge
inset	沈みこみ＊	inset
outset	浮き出し＊	outset
none	ボーダーなし	none
hidden	ボーダーを表示しない	hidden
dashed	破線	dashed
dotted	点線	dotted

＊対応していないブラウザーが多い

■ ボーダー関連プロパティはほかにも多数ある

borderプロパティはショートハンドで、4辺のボーダーの太さ、形状、色を一括で指定できます。ショートハンドを使わず、ボーダーの太さや形状などを個別に設定するプロパティが多数用意されています。

【ボーダー関連プロパティの一覧】

プロパティ	説明	書式例
border-width	上下左右のボーダーの太さを一括指定	border-width: 4px;
border-top-width	上ボーダーの太さ	border-top-width: 4px;
border-right-width	右ボーダーの太さ	border-right-width: 4px;
border-bottom-width	下ボーダーの太さ	border-bottom-width: 4px;
border-left-width	左ボーダーの太さ	border-left-width: 4px;
border-style	上下左右のボーダーの形状を一括指定	border-style: solid;
border-top-style	上ボーダーの形状	border-top-style: solid;
border-right-style	右ボーダーの形状	border-right-style: solid;
border-bottom-style	下ボーダーの形状	border-bottom-style: solid;
border-left-style	左ボーダーの形状	border-left-style: solid;
border-color	上下左右のボーダーの色を一括指定	border-color: #FF0000;
border-top-color	上ボーダーの色	border-top-color: #FF0000;
border-right-color	右ボーダーの色	border-right-color: #FF0000;
border-bottom-color	下ボーダーの色	border-bottom-color: #FF0000;
border-left-color	左ボーダーの色	border-left-color: #FF0000;
border	上下左右のボーダーの太さ、形状、色を一括指定	border: 1px dotted #888800;
border-top	上ボーダーの太さ、形状、色を一括指定	border-top: 1px dotted #888800;
border-right	右ボーダーの太さ、形状、色を一括指定	border-right: 1px dotted #888800;
border-bottom	下ボーダーの太さ、形状、色を一括指定	border-bottom: 1px dotted #888800;
border-left	左ボーダーの太さ、形状、色を一括指定	border-left: 1px dotted #888800;

■ ショートハンドを使わないborderプロパティの記述

今回、テーブルセルに罫線を引いたCSSを、ショートハンドを使用せずに書くと次のようになります。どちらで記述しても表示結果は変わらないので、好きなほうを使ってかまいません。

【ショートハンドを使わずにborderプロパティを記述する例】

```
table th, table td {
  border: 1px solid #7aa7a2;
  ...
}
```

→

```
table th, table td {
  border-width: 1px;
  border-style: solid;
  border-color: #7aa7a2;
  ...
}
```

One Point　ボーダー関連プロパティの応用

ボーダー関連プロパティは、ボックスの周囲を囲むだけでなく、いろいろな表現に使われます。よく使われる応用例を紹介します。

▌下線を引く

リンクテキストに引かれる下線を、実線でなく点線にしたり、テキスト色とは異なる色にしたいときがあります。そのようなときは、text-decoration ではなく、border-bottom プロパティを使用します。よく使われるテクニックの1つです。

【<a> の下線を点線にする例。ロールオーバーすると実線に変わるようになっている（サンプル：c05-border1.html）】

【HTML】
```
<a href="#">リンクテキスト</a>に特殊な下
線を引くことができます。
```

【CSS】
```
a {
  text-decoration: none;
  border-bottom: 1px dotted #666666;
}
a:hover {
  border-bottom-style: solid;
}
```

【通常時】
リンクテキストに特殊な下線を引くことができます。

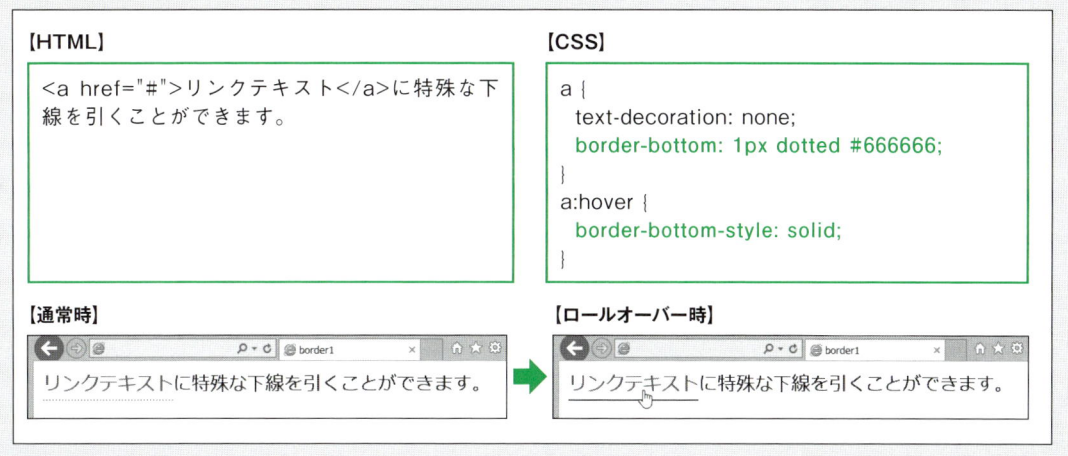

【ロールオーバー時】
リンクテキストに特殊な下線を引くことができます。

▌見出しの装飾に使う

見出しの装飾にも、ボーダー関連のプロパティがよく使われます。たとえば次のサンプルのように、見出しの下部に点線ボーダーを引いたり、左と下で太さの異なるボーダーを引いたりします。

【見出しの装飾例（サンプル：c05-5117.html）】

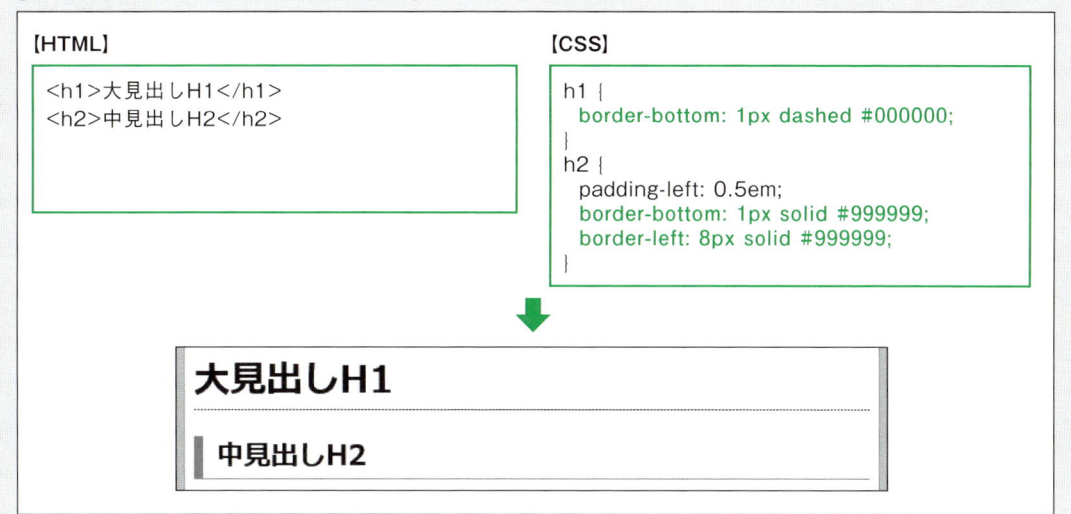

【HTML】
```
<h1>大見出しH1</h1>
<h2>中見出しH2</h2>
```

【CSS】
```
h1 {
  border-bottom: 1px dashed #000000;
}
h2 {
  padding-left: 0.5em;
  border-bottom: 1px solid #999999;
  border-left: 8px solid #999999;
}
```

大見出しH1

▌中見出しH2

● 見出しセルに背景色を付ける

見出しセルに背景色を付けます。

■ \<th\> に背景色を付ける

1 \<th\> に適用されるスタイルを「table th, table td」がセレクターになっているルールの次に記述します。

【style.css】

```
...
/* 「料金プラン」ページ ここから↓ */
...
table th, table td {
  border: 1px solid #7aa7a2;
  padding: 10px;
  width: 190px;
  text-align: center;
}
table th {
  background-color: #cce8e4;
}
/* 「料金プラン」ページ ここまで↑ */
...
```

2 fee.html をブラウザーで開きます。テーブル1行目の見出しセルに背景色が付いています。

▶ 「金額」列のセルだけ幅を小さくする

「金額」列のセルすべてを、幅125ピクセルにします。各行の3番目の<th>、<td>にはclass名が付いているので、クラスセレクターを使用して要素を選択します。

■ 3番目の<th>、<td>すべての幅を125ピクセルにする

❶ 「class="price"」の要素に適用されるスタイルを、「table th」がセレクターになっているルールの次に記述します。

【style.css】

```css
...
/* 「料金プラン」ページ ここから↓ */
...
table th {
  background-color: #cce8e4;
}
table .price {
  width: 125px;
}
/* 「料金プラン」ページ ここまで↑ */
...
```

❷ fee.html をブラウザーで開きます。一番右の列の幅が少し狭まります。

【作業前】

会員プラン	利用時間	金額
正会員A(全施設利用)	10:00-23:00	9,625円/月
正会員B(プールのみ利用)		3,980円/月
デイ会員	10:00-18:00	6,890円/月
ナイト会員	18:00-23:00	7,950円/月
都度会員	10:00-23:00	ご利用1回ごとに 2,030円

⬇

【作業後】

会員プラン	利用時間	金額
正会員A(全施設利用)	10:00-23:00	9,625円/月
正会員B(プールのみ利用)		3,980円/月
デイ会員	10:00-18:00	6,890円/月
ナイト会員	18:00-23:00	7,950円/月
都度会員	10:00-23:00	ご利用1回ごとに 2,030円

▶ 「金額」列のデータセルだけテキストを右揃えにする

今のところ、テーブルのセルはすべて中央揃えになっていますが、「金額」の列のデータセル、つまり<td>だけ右揃えにします。<th>は対象にしないことに注意してください。

■ <td class="price"> のセルを右揃えにする

① <td class="price"> に適用されるスタイルを、「table .price」がセレクターになっているルールの次に記述します。

【style.css】

```css
...
/* 「料金プラン」ページ ここから↓ */
...
table .price {
  width: 125px;
}
table td.price {
  text-align: right;
}
/* 「料金プラン」ページ ここまで↑ */
...
```

② fee.html をブラウザーで開きます。「金額」の見出しを除くセルのテキストが右揃えになります。

【作業前】

会員プラン	利用時間	金額
正会員A(全施設利用)	10:00-23:00	9,625円/月
正会員B(プールのみ利用)		3,980円/月
デイ会員	10:00-18:00	6,890円/月
ナイト会員	18:00-23:00	7,950円/月
都度会員	10:00-23:00	ご利用1回ごとに2,030円

⬇

【作業後】

会員プラン	利用時間	金額
正会員A(全施設利用)	10:00-23:00	9,625円/月
正会員B(プールのみ利用)		3,980円/月
デイ会員	10:00-18:00	6,890円/月
ナイト会員	18:00-23:00	7,950円/月
都度会員	10:00-23:00	ご利用1回ごとに2,030円

One Point テキストの配置を調整する各種プロパティ

行揃えを変更する text-align プロパティ以外にも、テキストの配置を調整するプロパティが CSS にはあります。よく使われる代表的なプロパティには次のようなものがあります。

■ text-indent プロパティ

text-indent はテキストのインデントを調整するプロパティです。インデントは「字下げ」とも言い、段落の最初の行が始まる位置を、右や左に移動させることを言います。プロパティ値にはインデントの量を、px、em、% などの単位を付けて指定します。負の値を指定することもできます。

【text-indent プロパティの書式】

text-indent: インデントの量;

【text-indent の例 (サンプル：c05-textindent.html)】

【HTML】
```
<p>行揃えを変更するtext-alignプロパティ以外
にも、テキストaの配置を調整するプロパティ
がCSSにはあります。</p>
```

【CSS】
```
p {
  border: 1px solid #000000;
  width: 400px;
  text-indent: 2em;
}
```

2em

行揃えを変更するtext-alignプロパティ以外にも、テキストの配置を調整するプロパティがCSSにはあります。よく使われる代表的なプロパティにtext-indent、text-decoration、vertical-align、line-heightなどがあります。

text-indent の調整位置

■ text-decoration プロパティ

テキストに下線や字消し線などを付けるには、text-decoration プロパティを使用します。

【text-decoration プロパティの書式】

text-decoration: テキスト装飾のキーワード;

【text-decoration の代表的なプロパティ値 (サンプル：c05-textdecoration.html)】

値	説明	表示結果
underline	下線	テキストデコレーション下線
overline	上線	テキストデコレーション上線
line-through	字消し線	テキストデコレーション字消し線
none	装飾なし	テキストデコレーションなし

▌vertical-align プロパティ

テキストの垂直方向の整列位置を調整するのが vertical-align プロパティです。欧文書体は、一般的に「x」の下辺にテキストが整列するようになっています。この線を「ベースライン (baseline)」と言い、<img> タグで挿入された画像もベースラインに整列します。

vertical-align を設定すると、垂直方向の整列位置をベースライン以外の「top」や「middle」などに変えることができます。

【vertical-align プロパティの書式】

vertical-align: 垂直方向の整列位置;

【vertical-align プロパティの値（サンプル：c05-verticalalign.html）】

値	説明	表示結果
baseline	ベースラインで整列	potato chips
top	上端揃え	potato chips
middle	中央揃え	potato chips
bottom	下端揃え	potato chips
text-top	テキストの上端に揃える	potato chips
text-bottom	テキストの下端に揃える	potato chips
super	上付き	potato chips
sub	下付き	potato chips

▌line-height プロパティ

テキストの1行の高さを設定するのが line-height プロパティです。プロパティ値は、一般的には「%」、もしくは単位のない実数値にします。値の単位を「%」にした場合、line-height の高さはその要素に指定したフォントサイズに対する割合になります。

値を実数値にした場合は、その行に含まれる最大のフォントサイズに対する実数倍になります（サンプル：c05-lineheight.html）。

【line-height プロパティの書式例】

line-height: 1.6;

【line-height:160% のときに指定される行の高さ】

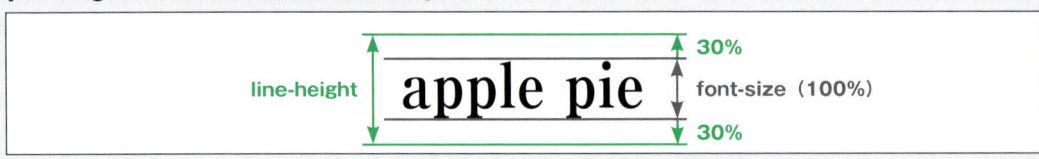

第6章 ▶

フォーム

「ご意見・ご要望」ページを作成する
フォーム領域を作成する
コントロールを作成する
フォーム領域のCSSを編集する
各種コントロールのスタイルを調整する

6-1 第6章 ▶ フォーム

「ご意見・ご要望」ページを作成する

最後に「ご意見・ご要望」ページを作成します。このページではHTMLのフォーム機能を中心に使用します。

▶ ページのタイトルと見出しを書き替える

「opinion.html」を編集して「ご意見・ご要望」ページを作成します。前章と同じように、まずはタイトルや見出しのテキストを書き替えます。

■ \<title\>、\<h1\> の内容を書き替える

1 opinion.html をテキストエディターで開きます。\<title\> とメイン領域の \<h1\> の内容を書き替えます。

【opinion.html】

```
<!DOCTYPE html>
<html lang="ja">
<head>
<meta charset="utf-8">
<title>ご意見・ご要望 - HAPPINESS FITNESS CLUB</title>
<link rel="stylesheet" href="css/style.css">
</head>

<body>
...
<div id="contents">
  <div id="main">
    <article>
      <h1>ご意見・ご要望</h1>

    </article>
  </div>
  ...
</div>
...
</body>
</html>
```

2 opinion.html をブラウザーで開きます。ウィンドウやタブのタイトルと、メイン領域の見出しのテキストが変わっています。

解説 <title>と<h1>のテキストを統一する

ここまでの実習で、すべてのページの<title>と、メイン領域の<h1>に含まれるテキストを編集しています。
<title>に記述するタイトルは、検索サイトが検索結果を表示するときには見出しになるため非常に重要です※が、実際にページを見ても目立ちません。そこで、目立つ場所にも大見出しを立てたほうがよいでしょう。
<title>と目立つ大見出し<h1>のテキストをまったく一緒にする必要はありませんが、検索サイトからやってくる閲覧者を混乱させないために、統一するよう心がけます。
※第4章「<title>の内容は重要」(P.85)

【<title>とページの大見出しは統一する】

6-2 第6章 ▶ フォーム

フォーム領域を作成する

HTMLにはフォームを作成するためのタグが何種類か用意されています。また、それぞれのタグには特殊な属性が定義されています。ひとつひとつ使い方をマスターしましょう。

● フォームの基本

フォームとは、閲覧者からの入力を受け付ける画面のことを指します。利用者は「コントロール」と呼ばれる入力のための部品に、テキストを入力したり、ボタンをクリックしたりして必要事項を記入します。フォームは、form 関連要素と呼ばれる専用のタグを使って作成します。

■ フォームの基本的な仕組み

一般的なフォームは、入力された内容を Web サーバーに送信します。フォームは、おおよそ次のような順序で処理されます。

【フォームの大まかな処理順序】

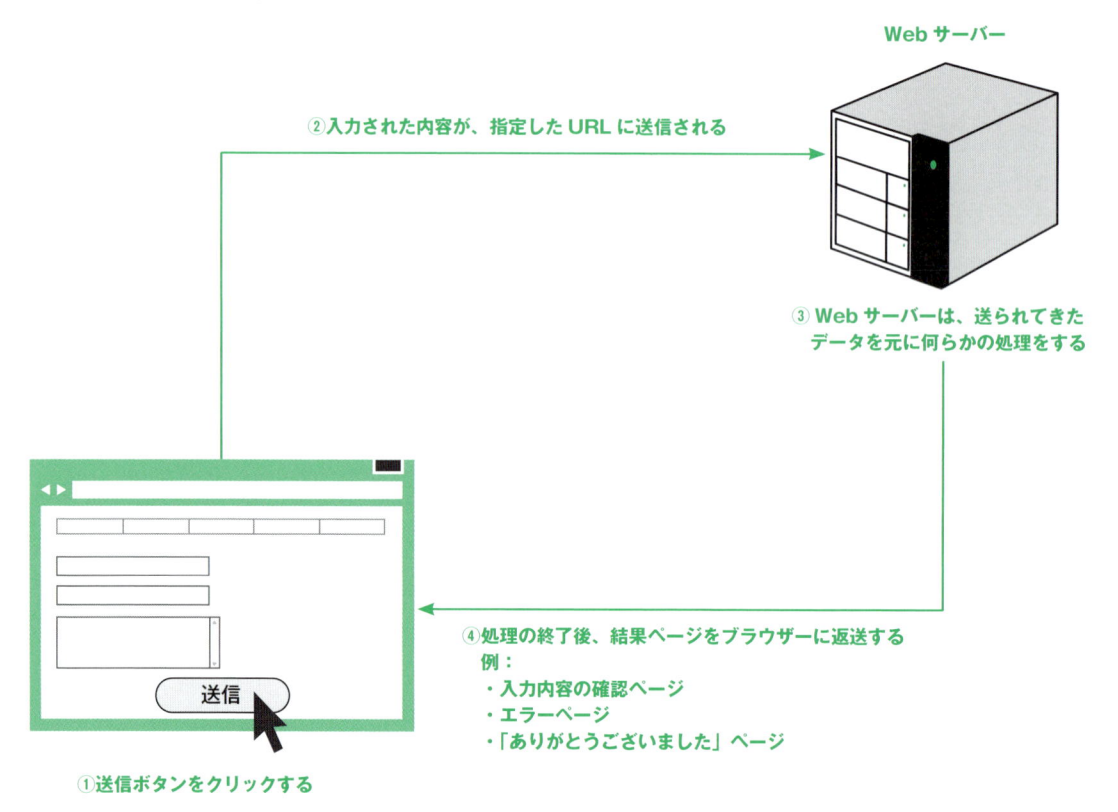

Web サーバー

②入力された内容が、指定した URL に送信される

③ Web サーバーは、送られてきたデータを元に何らかの処理をする

④処理の終了後、結果ページをブラウザーに返送する
　例：
　　・入力内容の確認ページ
　　・エラーページ
　　・「ありがとうございました」ページ

①送信ボタンをクリックする

①送信ボタンをクリックする

図の中で、ブラウザーに表示されている送信ボタンをクリックするのは、もちろん閲覧者です。フォーム画面のテキストフィールドや送信ボタンは、すべて HTML で作成します。

②入力内容が指定した URL に送信される

送信ボタンをクリックすると、フォームに入力された内容が Web サーバーに送信されます。このときの送信先 URL は、HTML で指定します。送信先 URL は、フォーム要素の 1 つである <form> タグの action 属性で指定します。

③ Web サーバーが処理をする

Web サーバーは、フォームのデータ（入力内容）を受け取ると、何らかの処理を行います。よくある処理の例としては、お問い合わせフォームの内容をデータベースに保存する、自動返信メールの文面を生成する、などが挙げられます。こうした処理は、すべて Web サーバーのプログラムが行います。HTML を作成しているときには、ここで行われる処理を気にする必要はありません。

④ブラウザーに結果を返送する

Web サーバーは、処理が終了するとブラウザーに結果を送り返します。結果と言っても、必ずしも問い合わせを処理した集計データなどが送り返されるわけではなく、多くの場合次にブラウザーが表示すべき HTML が返送されます。入力内容を確認するページが表示されたり、不備がある場合にエラーページが表示されたりするのは、Web サーバーが HTML を返送しているからです。

form 関連要素一覧

フォームにおける HTML の主な役割は、「画面を作成すること」と「入力内容の送信先 URL を指定すること」です。

フォーム関連要素には、大きく分けて 2 種類あります。

1 つは <form> タグです。これは、画面にフォーム領域を作成するためのタグであると同時に、入力内容の送信先 URL を指定する役割を果たします。

もう 1 つは、閲覧者がフォームに入力するための部品を表示させるためのタグです。フォームの部品は「コントロール」と呼ばれ、<form> の要素の内容として記述します。

【フォームのごく基本的なHTMLのパターン】

```
<form action="送信先URL">                    ── フォーム領域を作成し、送信先URLを指定する
  <p>お名前：
    <input type="text" name="my_name">     ── テキストフィールドを表示する
  </p>
  <p>
    <input type="submit" value="送信">      ── 送信ボタンを表示する
  </p>
</form>
```

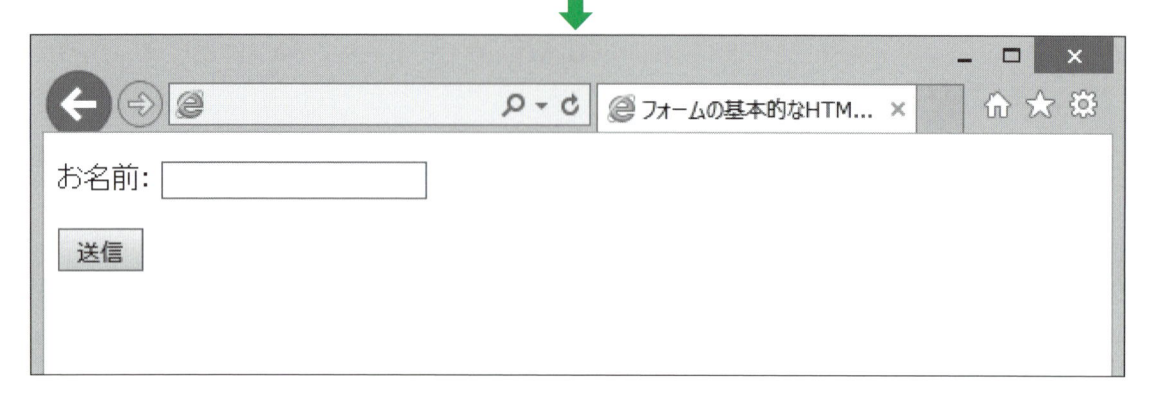

● フォーム領域を作成する

「ご意見・ご要望」を送信できる、お問い合わせフォームを作成します。これから作るフォームには、名前を記入する「お名前」欄と、具体的な意見、要望を書き込む「ご意見・ご要望」欄を作成し、送信ボタンを用意します。
テキストフィールドや送信ボタンなどのフォーム関連要素を使うためには、まずフォーム領域を作成する必要があります。

■ <form> を記述する

■ <h1> の次の行から、テキストの段落、そして <form>、</form> を記述します。

【opinion.html】

```
...
<article>
  <h1>ご意見・ご要望</h1>
  <p>サービス改善のため、皆様のお声をお聞かせください。<br>
会員の方はもちろん、ご入会を検討している方のご意見・ご要望もお待ちしております。</p>
  <form action="#">

  </form>
</article>
...
```

154

解説 <form>

<form> は、フォームを作成するためのタグです。<form> タグには、大まかに次の 2 つの役割があります。

1. フォーム領域を作成する。
2. テキストフィールドなどに入力された内容を、送信先の URL など必要な情報を提供する。

■ フォーム領域を作成する

フォームを構成するテキストフィールドなどの部品であるコントロールは、専用の HTML タグを記述して作成します。コントロールのタグは、原則として <form> の要素の内容として記述します。<form> には、複数のコントロールをまとめて 1 つの入力フォームとしてグループ化する役割があります。

■ サーバーに送信するのに必要な情報を提供する

テキストフィールドなどに入力した内容は、通常は［送信］ボタンをクリックしたときにサーバーに送信されます。データの送信先 URL や、ブラウザーと Web サーバー間のデータの通信方法など、入力項目を送信するのに必要な基本情報は <form> の属性で定義します。<form> の action 属性は、入力されたデータの送信先 URL を指示するためのものです。<form> には、action 以外にも次のような属性があります。

【<form> の代表的な属性】

属性	説明
action	送信先 URL を指定する。必須属性
method	送信方式（GET もしくは POST）を指定する
name	フォームに名前をつける

【<form> タグの書式例】

```
<form action="my_app.php" method="POST" name="myapp">
```

コントロールを作成する

作成した<form>内に、「お名前」や「ご意見・ご要望」などの入力フォームを作成していきます。最後に送信ボタンを設置します。

▶ テキストフィールドを作成する

名前を入力できる欄をテキストフィールドで作成します。テキストフィールドを作成すると同時にラベルのテキストも記述します。ラベルのテキストとテキストフィールドの間は改行します。

■ <form> 内に HTML を記述する

1 <form> 内に次の HTML を記述します。

【opinion.html】

```
...
<form action="#">
  <p>お名前<br>
  <input type="text" name="name" class="textfield"></p>
</form>
...
```

2 opinion.html をブラウザーで開きます。ラベルのテキストとテキストフィールドが表示されています。テキストフィールドに入力できることも確認してください。

解説 <input>タグ

<input> は、テキストフィールドや送信ボタンなど、多くのコントロールを表示させるためのタグです。type 属性の値を変えるといろいろなコントロールを表示させることができます。なお、<input> は終了タグのない空要素です。

【type 属性の代表的な値】

属性値	説明
text	1 行のテキスト入力フィールド
submit	送信ボタン
image	画像を使用した送信ボタン。使用する画像のパスを src 属性で指定する

<input type="text"> の属性

<input> タグは type 属性の値によって追加できるその他の属性が変わります。<input type="text"> の場合に追加することができる属性は次のとおりです。

【type="text" のときに追加できる代表的な属性】

属性	属性値	説明
name	文字列	入力されたデータに付ける名前。Web サーバーにデータを送信するときに使われる
value	文字列	なにも入力されなかったときの初期値を設定する

ラベルテキストとコントロールを関連づける

<label> タグを使用して、「お名前」というテキストと追加したテキストフィールドを関連付けます。

<label> を追加する

1「お名前」の前に <label> 開始タグを、テキストフィールドの <input> タグの後ろに </label> 終了タグを挿入します。
【opinion.html】

```
...
<form action="#">
  <p><label>お名前<br>
  <input type="text" name="name" class="textfield"></label></p>
</form>
...
```

6 フォーム

❷ opinion.html をブラウザーで開きます。<label> を追加しても表示上の違いはありません。

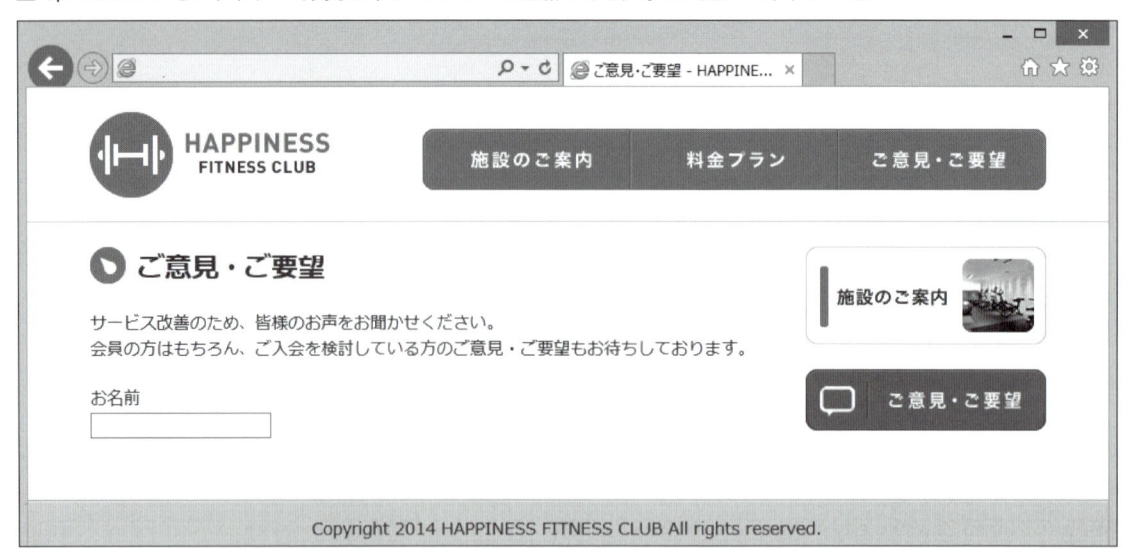

解説 <label>タグ

<label> は、ラベルテキストとコントロールを関連付けるためのタグです。<label> タグによってラベルテキストとコントロールが関連付けられると、ラベルテキストをクリックしてコントロールを選択できるようになり、ユーザビリティ（閲覧者の操作のしやすさ）が向上します。
<label> の記述方法には 2 種類あります。1 つは今回のようにラベルテキストと関連するコントロールを <label> タグで囲む方法、もう 1 つは <label> の for 属性を使う方法です。

▎ラベルテキストとコントロールを関連づける方法その 1 ～ <label> タグで囲む～

ラベルテキストとコントロールを <label> タグで囲むシンプルな方法です。

【<label> タグで囲む書式例】

```
<label>ラベルテキスト<input type="text" name="name" class="textfield"></label>
```

▎ラベルテキストとコントロールを関連づける方法その 2 ～ for 属性を使う～

<label> ～ </label> の中にはラベルテキストだけ入れておき、コントロールは囲まない方法です。この場合、<input> などコントロールのタグには id 属性を付けておきます。<label> には for 属性を追加し、その値を関連するコントロールの id 名にします。

【<label> の for 属性を使う書式例】

```
<label for="control_id">ラベルテキスト</label>
<input type="text" name="name" id="control_id">
```

※ <input> の id 属性と <label> の for 属性の値を同じにする

● テキストエリアを作成する

意見、要望などを自由記述で複数行入力できるテキストエリアを作成します。

■ <textarea> を追加する

1 「お名前」のテキストフィールド全体を囲む <p> の次の行から、「ご意見・ご要望」のラベルテキストとテキストエリアを記述します。

【opinion.html】

```
...
<form action="#">
  ...
  <p><label>お名前<br>
  <input type="text" name="name" class="textfield"></label></p>
  <p><label>ご意見・ご要望<br>
  <textarea name="comment"></textarea></label></p>
</form>
...
```

2 opinion.html をブラウザーで開きます。「ご意見・ご要望」というテキストと、テキストエリアが表示されます。

解説 <textarea>タグ

<textarea> は、複数行のテキスト入力コントロールを表示するタグです。<input> タグ同様、<textarea> にも name 属性が必要です。また、<textarea> ～ </textarea> の間にテキストを含めると、テキストエリアにその内容が表示されるようになります。

【<textarea> の書式例】

```
<textarea name="テキストエリアの名前">デフォルトテキスト</textarea>
```

【<textarea> ～ </textarea> にテキストを含めておくと、テキストエリアにその内容が表示される】

HTML
```
<textarea name="comment">ご意見・ご要望
をご記入ください。</textarea>
```
→ ご意見・ご要望をご記入ください。

One Point テキストフィールドとテキストエリア

<input type="text"> で作成する単一行のテキスト入力コントロールは、一般的に「テキストフィールド」と呼ばれます。また、<textarea> で作成する複数行の入力が可能なコントロールは「テキストエリア」と呼ばれています。

テキストフィールドは enter キーを押して改行をすることもできません。そのため、名前や e-mail アドレス、電話番号など、定型的で短いテキストの入力に適しています。一方のテキストエリアは、ご意見やお問い合わせ内容など、ある程度の長さがあり、自由な形式の文章を入力するのに適しています。

▶ 送信ボタンを作成する

テキストエリアの下に、送信ボタンを作成します。

■ 送信ボタンを作成する

1 「ご意見・ご要望」全体を囲む <p> の次の行に、新たに <p> と、「確認する」と書かれた送信ボタンを追加します。

【opinion.html】

```
...
<form action="#">
  ...
  <p><label>ご意見・ご要望<br>
  <textarea name="comment"></textarea></label></p>
  <p><input type="submit" value="確認する"></p>
</form>
...
```

2 opinion.html をブラウザーで開きます。送信ボタンが追加されます。

解説 <input type="submit">

<input type="submit"> は「送信ボタン」です。入力されたデータをサーバーに送信する場合でも、送信ボタンに name 属性は必要ありません。また、送信ボタンの場合 value 属性はボタンの上に表示されるテキストを定義します。

【送信ボタン】

```
<input type="submit" value="ボタンに表示されるテキスト">
```

One Point 送信ボタンに画像を使う

送信ボタンはブラウザーが提供する一般的なボタンの代わりに画像を使用することができます。画像を使う場合は type 属性の値を「image」にします。また、src 属性で使用する画像のパスを、alt 属性で代替テキストを指定します※。そのほか、オプションとして画像のサイズを指定する width 属性、height 属性を追加することもできます。
※第4章「<img> タグ」(P.106)

【送信ボタンを画像にする場合の例 (サンプル：c06-imgbtn/index.html)】

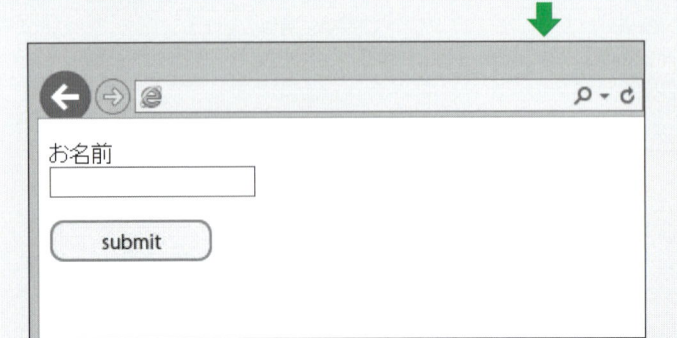

```
<form action="#">
  <p><label>お名前<br><input type="text"></label></p>
  <p><input type="image" src="images/imgbtn.jpg " alt="送信" width="120" height="30"></p>
</form>
```

6-4 フォーム領域のCSSを編集する

ここからはフォームのCSSを調整します。まずは<form>にマージンを設定して、ページ全体のレイアウトを整えます。

▶ <form>のスタイルを編集してページのレイアウトを整える

フォーム領域の上部にマージンを設定してレイアウトを調整します。

■ <form>の上部にマージンを設定する

1 style.css を開きます。<form> に適用される CSS を、コメント文「/*「ご意見・ご要望」ページ ここから↓ */」と「/*「ご意見・ご要望」ページ ここまで↑ */」の間に記述します。

【style.css】

```css
...
/* 「ご意見・ご要望」ページ ここから↓ */
form {
  margin-top: 30px;
}
/* 「ご意見・ご要望」ページ ここまで↑ */
```

2 opinion.html をブラウザーで開きます。フォーム領域の上部に少し余白ができます。

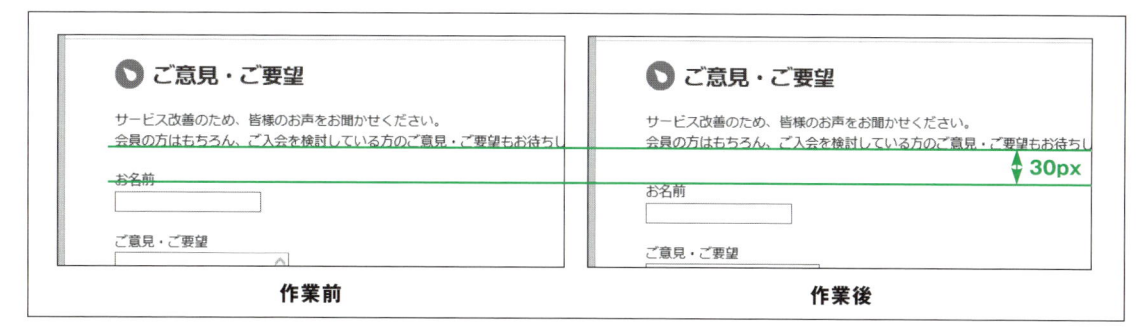

作業前 / 作業後（30px）

解説 フォームにも通常のCSSが使える

今回は <form> に margin-top プロパティを使用しました。機能上特殊に見える <form>、<input> などのフォーム要素にも、ほぼ通常の CSS が使えます。

なお、<form> はブロックレベル要素で、<input>、<textarea> などのコントロールはインラインレベル要素です。一般的には、インラインレベル要素に width プロパティや height プロパティを使用することはできませんが、フォームの各種コントロールには使用できます。次節からコントロールのスタイルを調整します。

6-5 第6章 ▶ フォーム

各種コントロールのスタイルを調整する

テキストフィールド、およびテキストエリアのスタイルを調整します。それぞれボーダーラインの色と、各コントロールの幅や高さを変更します。

● テキストフィールド、テキストエリアのボーダーラインを変更する

テキストフィールドやテキストエリアにはもともとボーダーラインがついていますが、この線の色をサイトの雰囲気に合わせて変更します。

■ <input type="text">、<textarea> のボーダーラインを調整する

1 テキストフィールドとテキストエリアを同時に選択してCSSを適用します。テキストフィールドにはclass属性を付けてあるのでこれを使用します。テキストエリアはタイプセレクターで選択します。CSSは「form」がセレクターになっているルールの下に記述します。

【style.css】

```css
...
/* 「ご意見・ご要望」ページ ここから↓ */
form {
  margin-top: 30px;
}
input.textfield, textarea {
  border: 1px solid #d1ccb4;
}
/* 「ご意見・ご要望」ページ ここまで↑ */
```

2 opinion.htmlをブラウザーで開きます。テキストフィールド、テキストエリアともにボーダーラインの色が変更されます。ブラウザーによってはテキストフィールドの内側にかかっている影も一緒に消えます。

● テキストフィールドのサイズを調整する

テキストフィールドはスタイルを調整しないと小さめに表示されます。幅を調整して少し大きく表示されるようにします。

■ <input type="text"> の幅を調整する

1 テキストフィールドの幅を 250 ピクセルにします。前節同様、テキストフィールドはクラスセレクターを使って選択します。

【style.css】

```
...
/* 「ご意見・ご要望」ページ ここから↓ */
...
input.textfield, textarea {
  border: 1px solid #d1ccb4;
}
input.textfield {
  width: 250px;
}
/* 「ご意見・ご要望」ページ ここまで↑ */
```

2 opinion.html をブラウザーで開きます。テキストフィールドが横に長くなっています。

▶ テキストエリアのサイズを調整する

テキストエリアも、CSS を適用しないと小さめに表示されます。これでは入力しづらいので、幅、高さともに大きくします。

■ <textarea> に CSS を適用する

1 テキストエリアの幅を 500 ピクセル、高さを 170 ピクセルにします。また、縦方向にだけスクロールバーを表示させるようにします。

【style.css】

```css
...
/* 「ご意見・ご要望」ページ ここから↓ */
...
input.textfield {
  width: 250px;
}
textarea {
  width: 500px;
  height: 170px;
  overflow-y: scroll;
}
/* 「ご意見・ご要望」ページ ここまで↑ */
```

2 opinion.html をブラウザーで開きます。テキストエリアが大きくなります。また、縦方向のスクロールバーが表示されます。

解説 overflowプロパティ、overflow-xプロパティ、overflow-yプロパティ

通常のボックスは、コンテンツが収まるように縦方向に伸びて表示されます。overflow プロパティは、ボックスに幅と高さが指定されサイズが固定されているときに、収まりきらなかったコンテンツをどうするか決定します。

【overflow プロパティの書式】

overflow: コンテンツの表示方法;

【overflow、overflow-x、overflow-y のプロパティ値】

値	説明
visible	ボックスの外まではみ出して表示する
scroll	多くのブラウザで縦横のスクロールバーを表示する。Mac OS X、iOS 版 Safari や Android 版 Google Chrome などは、必要がなければ横方向のスクロールバーを表示しない
hidden	はみ出るコンテンツは表示しない
auto	ブラウザに処理を任せる。一般的には縦方向のスクロールバーのみ表示する

【コンテンツがボックスに収まり切らないときの表示結果の違い（サンプル：c06-overflow.html）】

なお、overflow プロパティではなく overflow-x プロパティを使用したときは、横方向にはみ出すコンテンツがある場合にのみ、横スクロールバーを表示します。
また、overflow-y プロパティを指定したときは、縦方向にはみ出すコンテンツがある場合にのみ、縦スクロールバーを表示します。

One Point　コントロールのフォーカス

テキストフィールドやテキストエリアは、クリックするか、または tab キーを何度か押すと選択され、入力が可能になります。
適切に <label> タグが追加されている場合は、ラベルテキストをクリックしてもコントロールを選択することができます。
コントロールが選択され、入力可能な状態になることを「フォーカスする」と言います。

【ラベル「お名前」をクリックすると、テキストフィールドが入力可能になる】

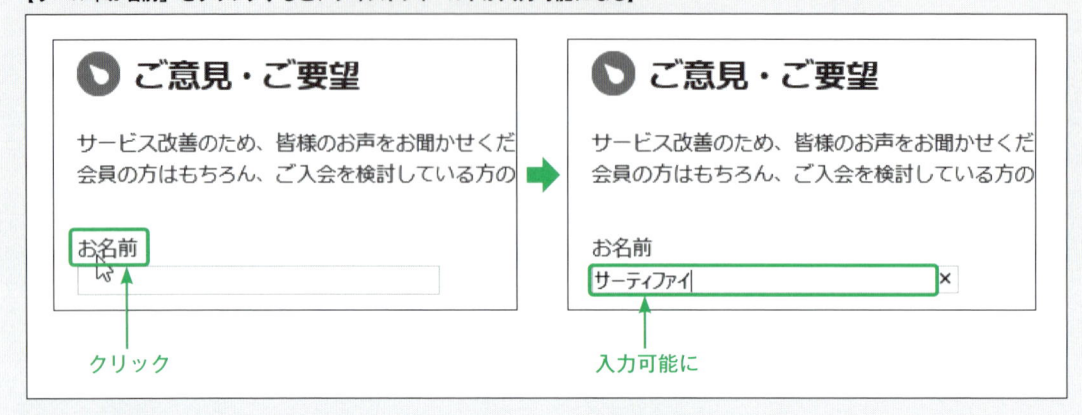

■コントロールがフォーカスされた状態にスタイルを適用する

:focus 擬似クラスを使用すると、コントロールがフォーカスされたときに CSS を適用することができます。テキストフィールドの背景色を変えて、入力可能な状態であることを閲覧者によりわかりやすく示すことができ、実際のサイトでもよく見かけます。

【フォーカスすると背景色が変わるテキストフィールド（サンプル：c06-focus/opinion.html）】

```css
input.textfield:focus {
  background-color: #fffcea;
}
```

第7章 ▶ サンプル問題

実技問題　確認事項
実技問題
実技問題　採点基準
実技問題　正答例と解説

実技問題　確認事項

実技問題を解答するにあたり、以下の確認事項をお読みください。

最新のサンプル問題は、サーティファイホームページからダウンロードすることができます。
http://www.sikaku.gr.jp/web/wc/exam/sample/

▶ 注意事項

実技問題を解答するにあたり、以下の注意事項に留意してください。

1. 実技問題の制限時間は以下の通りです。
    ・テキストエディター使用の場合：70分
    ・Webページ作成ソフト使用の場合：60分
2. 「実技用」フォルダーには解答するために必要なファイルが格納されています。問題の指示に従って使用してください。
3. 各ファイルにあらかじめ記述してある内容について、問題文に指示がない場合は、追記や削除・修正を行わないでください。
4. 記述を行う場合、英字・数字・記号は半角、カタカナは全角で記述してください。ただし、指示がある場合は、その指示に従ってください。
5. URLは、すべて相対パスで記述してください。
6. テキストおよびソースのコピー＆ペーストについては、問題文からコピー＆ペーストしてください。
7. 受験者用リファレンスのHTMLやCSSなどの記述は、コピー＆ペーストすることができます。必要に応じて利用してください。
8. 仕上り見本は、デスクトップ用Internet Explorer 11、Windows 8.1の環境で作成されています。環境の違い（OSやWebブラウザーの種類・バージョン、フォントのインストール状況など）により、仕上り見本の表示と異なる場合がありますが、そのまま続行してください。

※ 試験問題に記載されている会社名又は製品名は、それぞれ各社の商標又は登録商標です。
　なお、試験問題では、®及び™を明記していません。

▶ 推奨画面レイアウト

各ウィンドウの配置は、以下の推奨画面レイアウトを参考に配置してください。

1. 実技問題では、Web ブラウザー（Internet Explorer、Safari、Chrome、Firefox のいずれか）、テキストエディターまたは Web ページ作成ソフト、Windows のみ実技受験プログラムウィンドウを同時に表示させておきます。
2. 推奨する画面のレイアウトは下図の通りです。

【Windows の場合】

- Web ブラウザー（Internet Explorer、Chrome、Firefox のいずれか）
- テキストエディターまたは Web ページ作成ソフト
- 実技受験プログラムウィンドウ

【Mac OS の場合】

- Web ブラウザー（Safari、Chrome、Firefox のいずれか）
- テキストエディターまたは Web ページ作成ソフト

画面操作説明

各ウィンドウ内のリンクやチェックボックスに関する操作は下図の通りです。

【Windowsの場合】

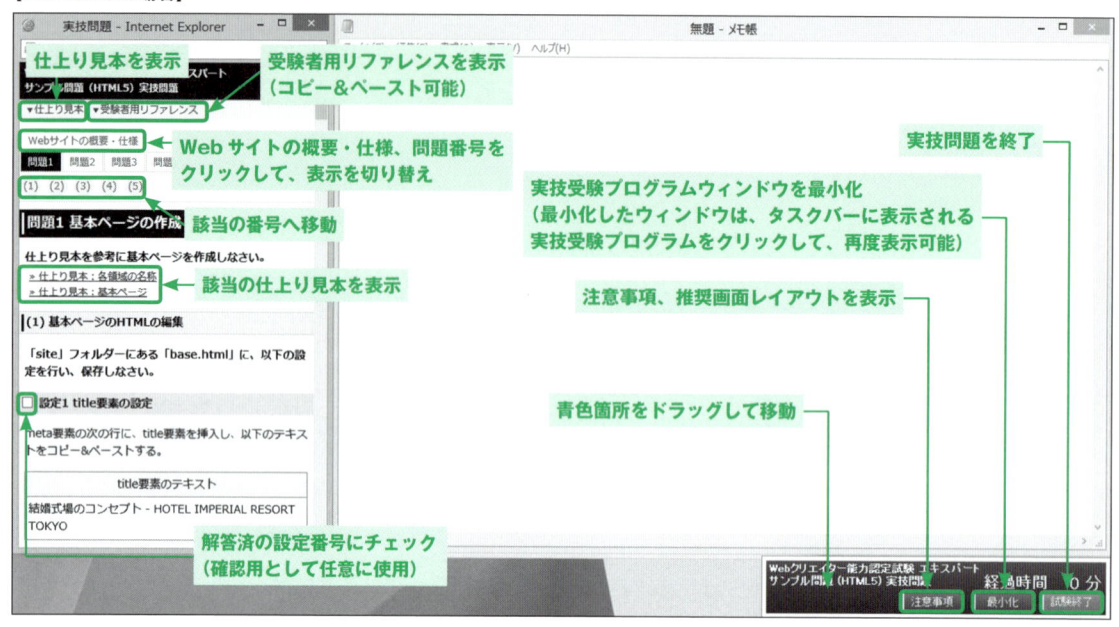

- 仕上り見本を表示
- 受験者用リファレンスを表示（コピー&ペースト可能）
- Webサイトの概要・仕様、問題番号をクリックして、表示を切り替え
- 該当の番号へ移動
- 該当の仕上り見本を表示
- 実技問題を終了
- 実技受験プログラムウィンドウを最小化（最小化したウィンドウは、タスクバーに表示される実技受験プログラムをクリックして、再度表示可能）
- 注意事項、推奨画面レイアウトを表示
- 青色箇所をドラッグして移動
- 解答済の設定番号にチェック（確認用として任意に使用）

【Mac OSの場合】

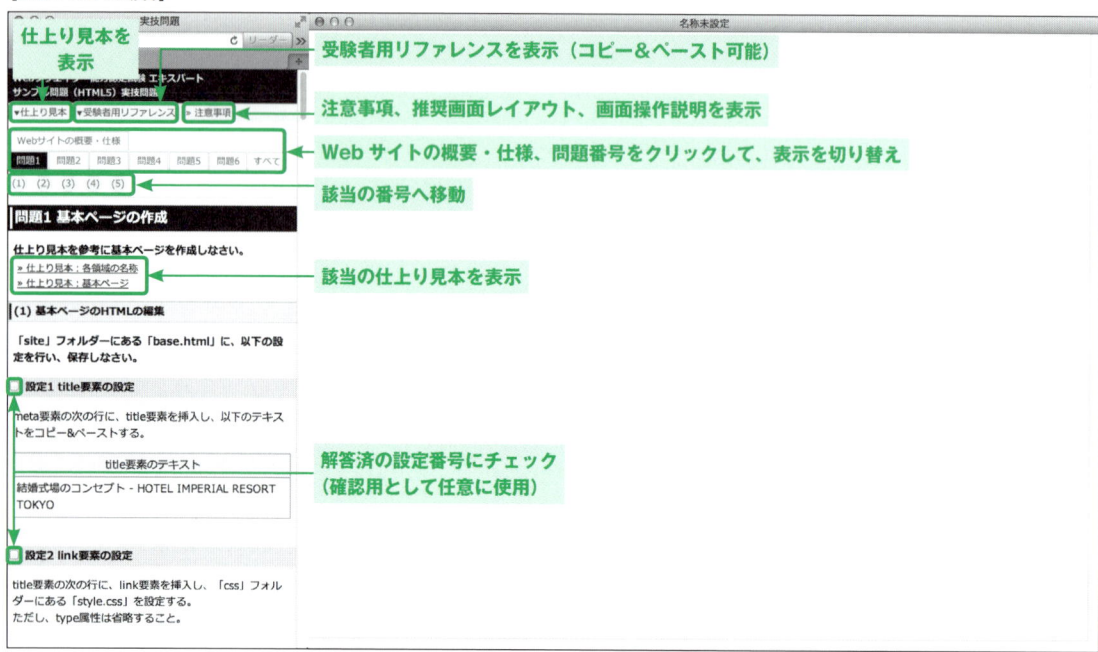

- 仕上り見本を表示
- 受験者用リファレンスを表示（コピー&ペースト可能）
- 注意事項、推奨画面レイアウト、画面操作説明を表示
- Webサイトの概要・仕様、問題番号をクリックして、表示を切り替え
- 該当の番号へ移動
- 該当の仕上り見本を表示
- 解答済の設定番号にチェック（確認用として任意に使用）

実技問題

以下の「テーマ」「ページ構成」「フォルダーおよびファイル構成」「仕様」に従い、Webサイトを完成させなさい。

▶ Webサイトの概要・仕様

■テーマ
- 「HAPPINESS FITNESS CLUB」を紹介する Web サイトである。
- トップページには、イメージとお知らせを掲載する。
- 「施設のご案内」ページでは、施設に関する案内文と施設のイメージ画像を掲載する。
- 「料金プラン」ページでは、会員制の料金プランを一覧表で掲載する。
- 「ご意見・ご要望」ページでは、施設に関するご意見・ご要望を承るフォームを設置する。

■ページ構成
下図の通りのページ構成とし、トップページと各ページは相互にリンクさせること。

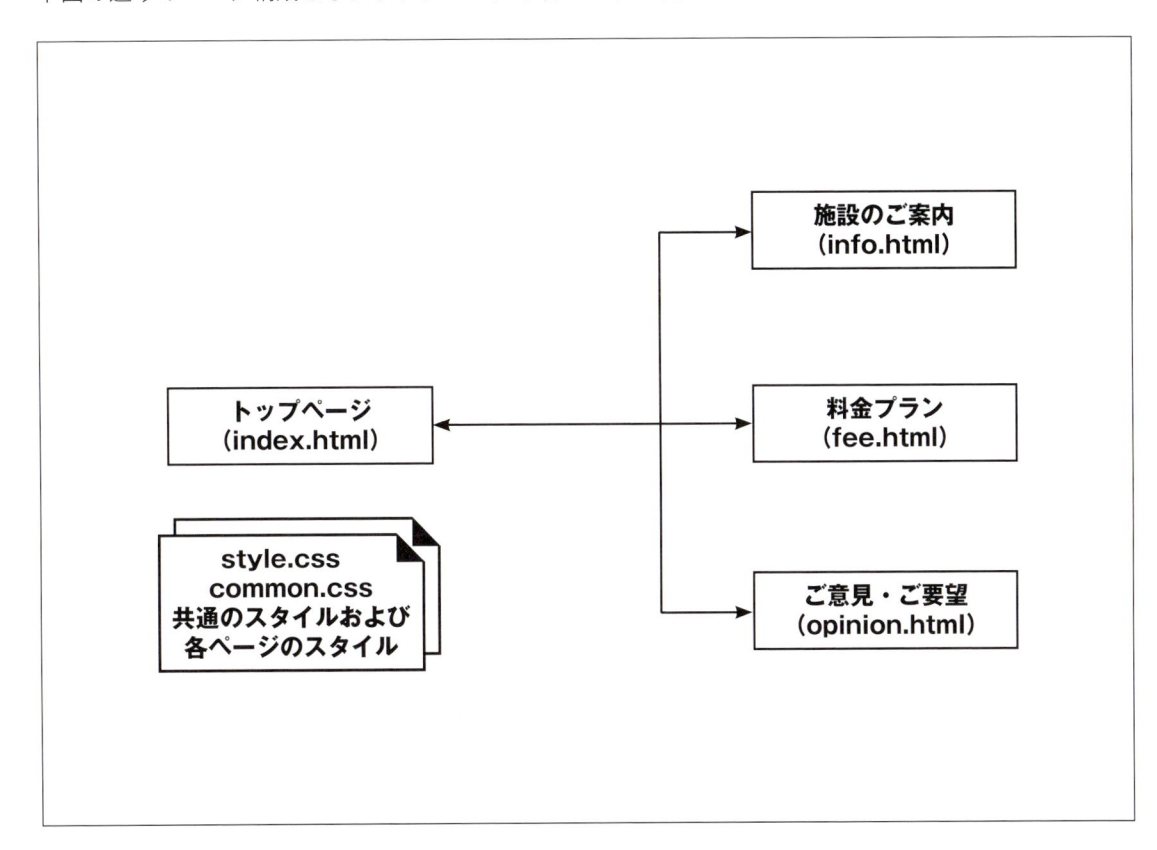

```
                              ┌─────────────────┐
                          ┌──▶│ 施設のご案内     │
                          │   │ (info.html)     │
                          │   └─────────────────┘
                          │
┌─────────────────┐       │   ┌─────────────────┐
│ トップページ    │◀──────┼──▶│ 料金プラン      │
│ (index.html)    │       │   │ (fee.html)      │
└─────────────────┘       │   └─────────────────┘
                          │
   ┌──────────────────┐   │   ┌─────────────────┐
   │ style.css        │   └──▶│ ご意見・ご要望  │
   │ common.css       │       │ (opinion.html)  │
   │ 共通のスタイルおよび│       └─────────────────┘
   │ 各ページのスタイル │
   └──────────────────┘
```

■フォルダーおよびファイル構成

- 「site」フォルダー内に必要なファイルを作成・修正し、Webサイトを完成させること。
- 問題で使用する画像ファイルは、「images」フォルダー内のファイルを使用すること。
- 問題で使用するCSSファイルは、「css」フォルダー内のファイルを使用すること。
- 「material」フォルダーには、「start.html」に関連するファイルが格納されている。関連するファイルの閲覧は「start.html」からWebブラウザーで開き、確認すること。

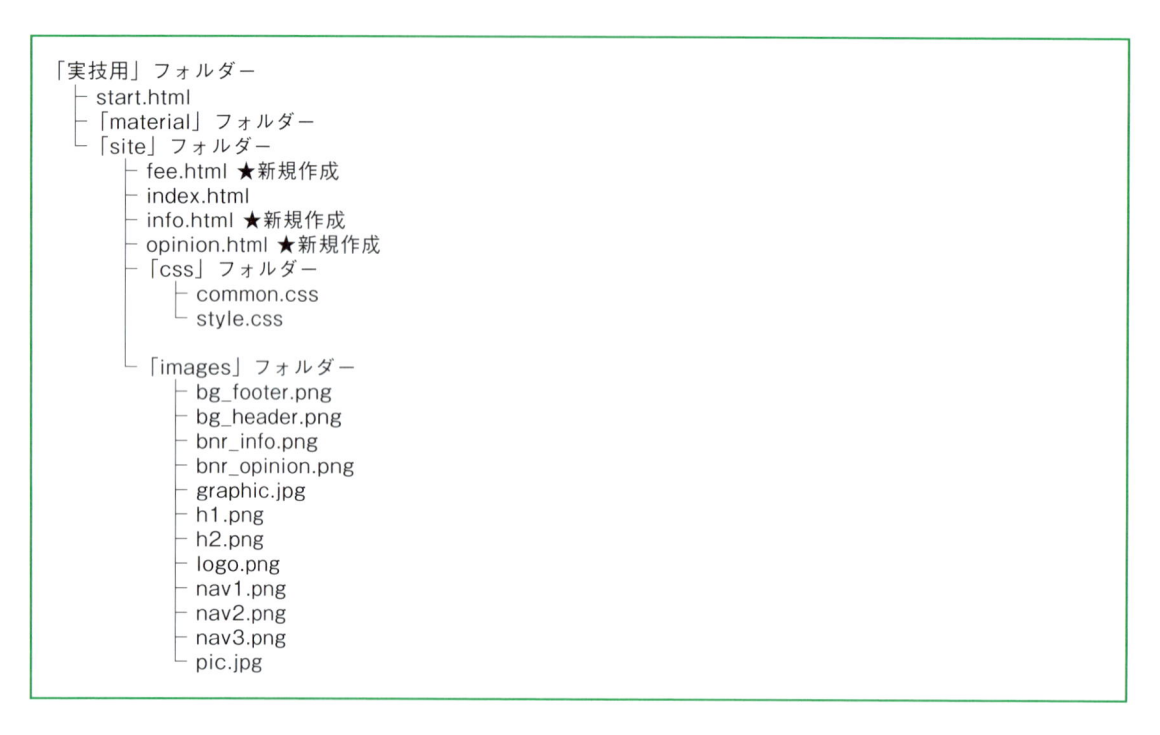

```
「実技用」フォルダー
├ start.html
├ 「material」フォルダー
└ 「site」フォルダー
        ├ fee.html ★新規作成
        ├ index.html
        ├ info.html ★新規作成
        ├ opinion.html ★新規作成
        ├ 「css」フォルダー
        │       ├ common.css
        │       └ style.css
        │
        └ 「images」フォルダー
                ├ bg_footer.png
                ├ bg_header.png
                ├ bnr_info.png
                ├ bnr_opinion.png
                ├ graphic.jpg
                ├ h1.png
                ├ h2.png
                ├ logo.png
                ├ nav1.png
                ├ nav2.png
                ├ nav3.png
                └ pic.jpg
```

■仕様

以下の仕様で記述すること。

- マークアップ言語：HTML5
- スタイルシート：CSS 2.1 および CSS3
- 文字コード：UTF-8（BOM付推奨）
- 改行コード：CR+LF

▶ 作成するページの仕上り見本

作成するページの仕上り見本です。

■ 各領域の名称

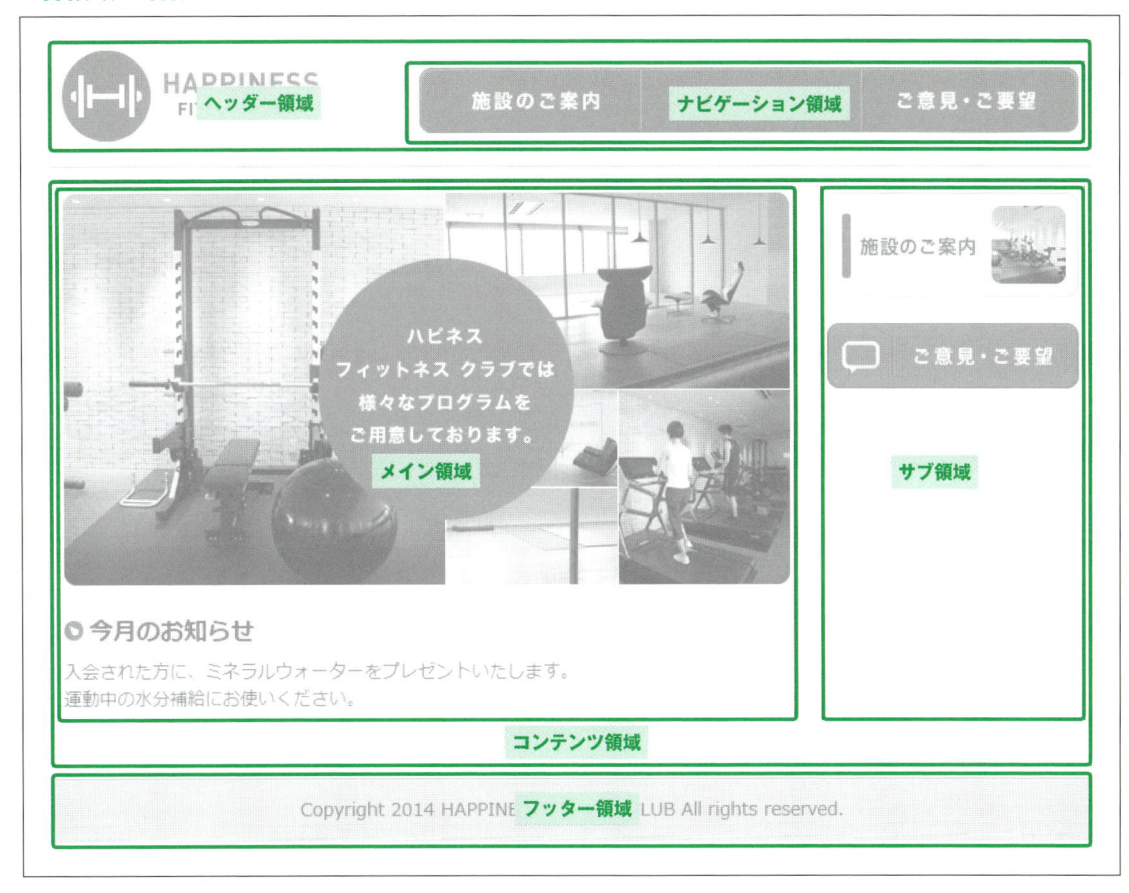

- ヘッダー領域
- ナビゲーション領域
- メイン領域
- サブ領域
- コンテンツ領域
- フッター領域

■ トップページ／index.html

■「施設のご案内」ページ／info.html

■「料金プラン」ページ／ fee.html

料金プラン

ご利用料金
ご利用する時間帯、料金をご確認いただき、ご希望に合った会員プランをお選びください。また、入会金、年会費等は一切かかりませんので、お気軽にご入会ください。

会員プラン	利用時間	金額
正会員A(全施設利用)	10:00-23:00	9,625円/月
正会員B(プールのみ利用)		3,980円/月
デイ会員	10:00-18:00	6,890円/月
ナイト会員	18:00-23:00	7,950円/月
都度会員	10:00-23:00	ご利用1回ごとに 2,030円

Copyright 2014 HAPPINESS FITNESS CLUB All rights reserved.

■「ご意見・ご要望」ページ／ opinion.html

ご意見・ご要望

サービス改善のため、皆様のお声をお聞かせください。
会員の方はもちろん、ご入会を検討している方のご意見・ご要望もお待ちしております。

お名前

ご意見・ご要望

[確認する]

Copyright 2014 HAPPINESS FITNESS CLUB All rights reserved.

問題1 トップページと基本レイアウトの作成

(1) トップページのHTMLの編集

「site」フォルダーにある「index.html」に、以下の設定を行い、保存しなさい。

■設定1　文書型宣言の変更
　文書型宣言をHTML 4.01からHTML5に変更する。

■設定2　meta要素の属性の削除と追加
　文字コードがあるmeta要素のhttp-equiv属性とcontent属性を削除し、以下の属性を追加する。

charset	utf-8

■設定3　meta要素の削除
　以下のmeta要素を削除する。

削除するmeta要素
`<meta http-equiv="Content-Style-Type" content="text/css">`

■設定4　link要素の属性の削除
　link要素のtype属性を削除する。

■設定5　div要素の変更
　id属性「header」があるdiv要素をheader要素に変更し、変更後はid属性を削除する。

■設定6　div要素の変更
　id属性「nav」があるdiv要素をnav要素に変更し、変更後はid属性を削除する。

■設定7　div要素の変更
　id属性「section」があるdiv要素をsection要素に変更し、変更後はid属性を削除する。

■設定8　div要素の変更
　id属性「aside」があるdiv要素をaside要素に変更し、変更後はid属性を削除する。

■設定9　div要素の変更
　id属性「footer」があるdiv要素をfooter要素に変更し、変更後はid属性を削除する。

■設定 10　small 要素の設定

以下のテキストを small 要素でマークアップする。

なお、small 要素は p 要素の中にマークアップすること。

small 要素を設定するテキスト
Copyright 2014 HAPPINESS FITNESS CLUB All rights reserved.

(2) 基本レイアウトの CSS の編集

「css」フォルダーにある「style.css」の「/* 基本レイアウト ここから↓ */」と「/* 基本レイアウト ここまで↑ */」の中に、以下の設定を行い、保存しなさい。

■設定 1　#header の変更

2 箇所ある「#header」を「header」に変更する。

変更するセレクター
#header
#header h1

■設定 2　#nav の変更

3 箇所ある「#nav」を「nav」に変更する。

変更するセレクター
#nav
#nav ul
#nav ul li

■設定 3　ロールオーバーの設定

ナビゲーション領域にロールオーバーを設定する。

セレクター	nav ul li a:hover
ボックスの透明度	0.7

■設定 4　#footer の変更

1 箇所ある「#footer」を「footer」に変更する。

変更するセレクター
#footer p

■設定 5　コピーライトの設定

フッター領域のコピーライトに文字のサイズを設定する。

セレクター	footer small
文字のサイズ	100%

▶ 問題2 各ページのフォーマットの複製

■(1) ページのフォーマットの複製
問題1(1)で保存した「index.html」を複製し、保存しなさい。

■設定1　ファイルの保存
「index.html」を複製し、「info.html」として保存する。

■(2) フォーマットのHTMLの編集
「info.html」に、以下の設定を行い、保存しなさい。

■設定1　title要素の変更
title要素を以下のテキストに変更する。
なお、テキストはコピー＆ペーストすること。

title要素のテキスト
施設のご案内 - HAPPINESS FITNESS CLUB

■設定2　リンクの設定
ヘッダー領域のh1要素の画像に対して、トップページに戻るためのリンクを設定する。
なお、リンクはh1要素の中に設定すること。

■設定3　メイン領域の空白の設定
メイン領域の中を空白にする。

■設定4　article要素の設定
メイン領域にarticle要素を挿入する。

■設定5　メイン領域のh1要素の設定
メイン領域のarticle要素の中に、以下のテキストをコピー＆ペーストし、h1要素でマークアップする。

h1要素のテキスト
施設のご案内

(3) 基本レイアウトのCSSの編集

「css」フォルダーにある「style.css」の「/* 基本レイアウト ここから↓ */」と「/* 基本レイアウト ここまで↑ */」の中に、以下の設定を行い、保存しなさい。

■設定1　メイン領域のh1要素の設定
　メイン領域のh1要素にスタイルを設定する。

セレクター	#main h1
マージン	上：0、下：20ピクセル、左：0、右：0
パディング	上：8ピクセル、下：3ピクセル、左：40ピクセル、右：0
背景画像	h1.png
背景画像の繰り返し	なし
文字のサイズ	162%

(4) フォーマットを使用した各ページの複製

問題2(2)で保存した「info.html」を複製し、保存しなさい。

■設定1　ファイルの保存
　「info.html」を複製し、「fee.html」、「opinion.html」として保存する。

● 問題3 「施設のご案内」ページの作成

■(1)「施設のご案内」ページの HTML の編集
問題 2(2) で保存した「info.html」のメイン領域に、以下の設定を行い、保存しなさい。

■設定 1　p 要素の設定

h1 要素の次の行に、以下のテキストをコピー&ペーストする。
仕上り見本を参考に、テキストごとに p 要素でマークアップし、必要に応じて段落内改行を入れること。

テキスト
当施設は、スタジオやプールのほか、100 台ものマシンを所有するフィットネスクラブです。
マシンはフィットネスに合わせた様々な設備が揃い、各専門分野のインストラクターが常に指導できるよう常駐しています。 肩こりや腰痛の改善、ダイエット、体力づくりなど、様々な目的に合わせて専門のインストラクターから的確なアドバイスが受けられる体制を整えています。
スタジオプログラムは多彩なプログラムをご用意し、随時開催しています。定員さえ超えなければ、いくつでもご自由にご参加いただけます。
大浴場は、ジェットバス、シャワー、サウナ、水風呂を完備し、マッサージルームでは運動後の疲れや痛みを残さないよう資格をもったスタッフがマッサージをいたします。
ご興味のある方は、ぜひ無料見学にお越しください。

■設定 2　img 要素の設定

「当施設は、スタジオや～」の前（テキストを内包する p 要素の中）に、「pic.jpg」を挿入する。
なお、img 要素には、以下の属性を設定すること。

幅	200 ピクセル
高さ	200 ピクセル
代替テキスト	""(空の代替テキスト)

■設定 3　クラスの設定

「pic.jpg」に、回り込みを設定するためのクラス「float_right」を設定する。

■(2)「施設のご案内」ページの CSS の編集
「css」フォルダーにある「style.css」の「/*「施設のご案内」ページ ここから↓ */」と「/*「施設のご案内」ページ ここまで↑ */」の中に、以下の設定を行い、保存しなさい。

■設定 1　画像の設定

画像の回り込みを設定するクラス「float_right」のスタイルを設定する。

セレクター	img.float_right
下マージン	20 ピクセル
左マージン	20 ピクセル
フロート	右

問題4 「料金プラン」ページの作成

(1) 「料金プラン」ページのタイトルに関連する HTML の編集

問題 2(4) で保存した「fee.html」に、以下の設定を行い、保存しなさい。

■設定 1　各テキストの変更

各要素内のテキストを以下のテキストに変更する。

なお、テキストはコピー＆ペーストすること。

title 要素のテキスト
料金プラン - HAPPINESS FITNESS CLUB

メイン領域の h1 要素のテキスト
料金プラン

(2) 「料金プラン」ページの HTML の編集

「fee.html」のメイン領域に、以下の設定を行い、保存しなさい。

■設定 1　ソースのコピー＆ペースト

h1 要素の次の行に、以下のソースをコピー＆ペーストする。

ソース
`<table>` `<caption><strong>` ご利用料金 `</strong><p>` ご利用する時間帯、料金をご確認いただき、ご希望に合った会員プランをお選びください。また、入会金、年会費等は一切かかりませんので、お気軽にご入会ください。`</p></caption>` `<tr>` `<td>` 会員プラン `</td>` `<td>` 利用時間 `</td>` `<td>` 金額 `</td>` `</tr>` `<tr>` `<td>` 正会員 A(全施設利用)`</td>` `<td>`10:00-23:00`</td>` `<td>`9,625 円 / 月 `</td>` `</tr>` `<tr>` `<td>` 正会員 B(プールのみ利用)`</td>` `<td>`10:00-23:00`</td>` `<td>`3,980 円 / 月 `</td>` `</tr>` `<tr>` `<td>` デイ会員 `</td>` `<td>`10:00-18:00`</td>` `<td>`6,890 円 / 月 `</td>` `</tr>` `<tr>` `<td>` 都度会員 `</td>` `<td>`10:00-23:00`</td>` `<td>` ご利用 1 回ごとに ` `2,030 円 `</td>` `</tr>` `</table>`

■設定 2　セルの変更
一行目のすべてのセルを、見出しセルに変更し、以下の属性を設定する。

scope	col

■設定 3　セルの結合
仕上り見本を参考に、テーブルの二列目の「10:00-23:00」のセルを結合し、余計な文字は削除する。

■設定 4　行の追加
仕上り見本を参考に、四行目と五行目（見出し行も含む）の間に行を追加し、以下のテキストをコピー＆ペーストする。

テキスト		
ナイト会員	18:00-23:00	7,950 円 / 月

■設定 5　クラスの設定
三列目（見出しセルとデータセル）にスタイルを設定するためのクラス「price」を設定する。

(3)「料金プラン」ページの CSS の編集

「css」フォルダーにある「style.css」の「/*「料金プラン」ページ ここから↓ */」と「/*「料金プラン」ページ ここまで↑ */」の中に、以下の設定を行い、保存しなさい。

■設定 1　テーブルの設定
テーブルのスタイルを設定する。

セレクター	table
幅	568 ピクセル
下マージン	20 ピクセル
border-collapse	collapse

■設定 2　キャプションの設定
テーブルのキャプションに行揃えを設定する。

セレクター	table caption
行揃え	左

■設定3　セルの設定

見出しセルとデータセルの両方に適用するスタイルを設定する。

セレクター	table th, table td
幅	190 ピクセル
パディング	10 ピクセル
ボーダー	太さ：1 ピクセル、スタイル：実線、色：#7aa7a2
行揃え	中央

■設定4　見出しセルの設定

見出しセルに背景色を設定する。

セレクター	table th
背景色	#cce8e4

■設定5　三列目のセルの設定

テーブルの三列目（見出しセルとデータセル）に幅を設定する。

セレクター	table .price
幅	125 ピクセル

■設定6　三列目のデータセルの設定

テーブルの三列目（データセルのみ）に行揃えを設定する。

セレクター	table td.price
行揃え	右

● 問題5 「ご意見・ご要望」ページの作成

■(1)「ご意見・ご要望」ページのタイトルに関連するHTMLの編集
問題2(4)で保存した「opinion.html」に、以下の設定を行い、保存しなさい。

■設定1　各テキストの変更

各要素内のテキストを以下のテキストに変更する。

なお、テキストはコピー＆ペーストすること。

title要素のテキスト
ご意見・ご要望 - HAPPINESS FITNESS CLUB

メイン領域のh1要素のテキスト
ご意見・ご要望

■(2)「ご意見・ご要望」ページのHTMLの編集
「opinion.html」のメイン領域に、以下の設定を行い、保存しなさい。

■設定1　p要素の設定

h1要素の次の行に、以下のテキストをコピー＆ペーストする。

仕上り見本を参考に、テキストをp要素でマークアップし、必要に応じて段落内改行を入れること。

テキスト
サービス改善のため、皆様のお声をお聞かせください。 会員の方はもちろん、ご入会を検討している方のご意見・ご要望もお待ちしております。

■設定2　form要素の設定

p要素の次の行に、form要素を挿入し、以下の属性を設定する。

action	#

■設定3　p要素の設定

仕上り見本を参考に、form要素の中に以下のテキストをコピー＆ペーストし、p要素でマークアップする。

テキスト
お名前

■設定 4　テキストフィールドの設定

「お名前」の後に段落内改行を入れ、次の行にテキストフィールドを挿入し、以下の属性を設定する。

type	(テキスト形式で設定)
name	name
クラス	textfield

■設定 5　label 要素の設定

「お名前」からテキストフィールドまでを label 要素でマークアップする。

なお、label 要素は p 要素の中に設定すること。

■設定 6　p 要素の設定

仕上り見本を参考に、form 要素の中に以下のテキストをコピー＆ペーストし、p 要素でマークアップする。

テキスト
ご意見・ご要望

■設定 7　テキストエリアの設定

「ご意見・ご要望」の後に段落内改行を入れ、次の行にテキストエリアを挿入し、以下の属性を設定する。

name	comment

■設定 8　label 要素の設定

「ご意見・ご要望」からテキストエリアまでを label 要素でマークアップする。

なお、label 要素は p 要素の中に設定すること。

■設定 9　送信ボタンの設定

仕上り見本を参考に、form 要素の中に送信ボタンを挿入し、p 要素でマークアップする。

type	submit
value	確認する

(3)「ご意見・ご要望」ページの CSS の編集

「css」フォルダーにある「style.css」の「/*「ご意見・ご要望」ページ ここから↓ */」と「/*「ご意見・ご要望」ページ ここまで↑ */」の中に、以下の設定を行い、保存しなさい。

■設定 1　form 要素の設定

form 要素の余白を設定する。

セレクター	form
上マージン	30 ピクセル

■設定 2　各フォーム部品の設定

テキストフィールドとテキストエリアに罫線を設定する。

セレクター	input.textfield, textarea
ボーダー	太さ：1 ピクセル、スタイル：実線、色：#d1ccb4

■設定 3　テキストフィールドの設定

テキストフィールドの幅を設定する。

セレクター	input.textfield
幅	250 ピクセル

■設定 4　テキストエリアの設定

テキストエリアの幅と高さを設定する。

セレクター	textarea
幅	500 ピクセル
高さ	170 ピクセル
オーバーフロー (y 軸)	スクロールバー

7-3 実技問題　採点基準

第7章 ▶ サンプル問題

「Webクリエイター能力認定試験　スタンダード　サンプル問題　実技試験　採点基準」です。

- HTMLの編集　HTMLの採点箇所は、開始タグと終了タグで1箇所、属性ごとにそれぞれ1箇所、要素の位置が異なるごとに1箇所とする。また、不要な属性1箇所につき、1点減点とする。
- CSSの編集　（style.css）　CSSの採点箇所は、セレクター名{}で1箇所、プロパティごとに1箇所とする。
  また、不要なプロパティ1箇所につき、1点減点とする。
  （プロパティ値がカンマの場合は、「プロパティ値,」ごとに各1箇所、「最後のプロパティ値;」で1箇所とする。）
- 複製したファイル名が誤っている場合でも採点を行い、★部分で減点する。

採点対象	詳細	問題	チェック項目	配点
全体	詳細1	フォルダーおよびファイル構成	下記のファイルおよびフォルダーが指示通りの場所に存在する。ただし、index.html以外のhtmlファイルが作成されていない場合は0点。 siteフォルダー：index.html、imagesフォルダー、cssフォルダー imagesフォルダー：（正答例ファイルを参照。） cssフォルダー：（正答例ファイルを参照。）	1
			小計	1
index.html	詳細1	1(1) 設定1	文書型宣言が指示通り変更されている。 <!DOCTYPE html>	1
	詳細2	仕様	以下のソースが変更なく記述されている。ただし、<!DOCTYPE html>に変更されていない場合は0点。 <html lang="ja"> <head>（採点対象外）</head> <body> （採点対象外） <div id="contents"> 　<div id="main">（採点対象外）</div> 　<div id="sub">（採点対象外）</div> </div> （採点対象外） </body> </html>	1
	詳細3	1(1) 設定2	文字コードのあるmeta要素が指示通り変更されている。 <meta charset="utf-8">	1
	詳細4	1(1) 設定3	下記のソースが指示通り削除されている。 <meta http-equiv="Content-Style-Type" content="text/css">	1
	詳細5	1(1) 設定4	link要素が指示通り変更されている。 <link rel="stylesheet" href="css/style.css">	1
	詳細6	1(1) 設定5	<div id="header"></div>がheader要素に指示通り変更されている。また、下記のソースが変更なく記述されている。 <header> 　<h1><img src="images/logo.png" width="203" height="70" alt="ハピネスフィットネスクラブ"></h1> 　（採点対象外） </header>	1
	詳細7	1(1) 設定6	<div id="nav"></div>がnav要素に指示通り変更されている。また、正答例と比較し、nav要素内のソースが変更なく記述されている。 <nav>（略）</nav>	1

採点対象	詳細	問題	チェック項目	配点
index.html	詳細8	1(1) 設定7	`<div id="main"></div>` 内で下記のソースが指示通り変更されている。 `<p id="graphic"><img src="images/graphic.jpg" width="570" height="300" alt="`ハピネスフィットネスクラブでは さまざまなプログラムをご用意しております。`"></p>` `<section>` 　`<h2>` 今月のお知らせ `</h2>` 　`<p>` 入会された方に、ミネラルウォーターをプレゼントいたします。` ` 運動中の水分補給にお使いください。`</p>` `</section>`	1
	詳細9	1(1) 設定8	`<div id="aside"></div>` が aside 要素に指示通り変更されている。また、正答例と比較し、aside 要素内のソースが変更なく記述されている。 `<aside>`（略）`</aside>`	1
	詳細10	1(1) 設定9	`<div id="footer"></div>` が footer 要素に指示通り変更されている。 `<footer>`（採点対象外）`</footer>`	1
	詳細11	1(1) 設定10	footer 要素内で下記のソースが指示通り変更されている。 `<p><small>`Copyright 2014 HAPPINESS FITNESS CLUB All rights reserved.`</small></p>`	1
			小計	11
info.html	詳細1	2(1) 設定1	正答例と比較し、index.html の詳細 1,2,3,5,7,9,10,11 の要素が変更なく記述され、index.html の詳細 4 の要素が指示通り削除されている。	1
	詳細2	2(2) 設定1	title 要素が指示通り変更されている。 `<title>` 施設のご案内 - HAPPINESS FITNESS CLUB`</title>`	1
	詳細3	2(2) 設定2	header 要素内で下記のソースが指示通り変更されている。(1 箇所異なるごとに 1 点減点。配点分までの減点。) `<h1><a href="index.html"><img src="images/logo.png" width="203" height="70" alt="` ハピネスフィットネスクラブ `"></a></h1>`	2
	詳細4	2(2) 設定3	`<div id="main"></div>` 内で下記のソースが指示通り削除されている。 `<p id="graphic"><img src="images/graphic.jpg" width="570" height="300" alt="` ハピネスフィットネスクラブでは さまざまなプログラムをご用意しております。`"></p>` `<section>` 　`<h2>` 今月のお知らせ `</h2>` 　`<p>` 入会された方に、ミネラルウォーターをプレゼントいたします。` ` 運動中の水分補給にお使いください。`</p>` `</section>`	1
	詳細5	2(2) 設定4	`<div id="main"></div>` 内に下記のソースが指示通り記述されている。 `<article>`（採点対象外）`</article>`	1
	詳細6	2(2) 設定5	article 要素内に下記のソースが指示通り記述されている。 `<h1>` 施設のご案内 `</h1>`	1
	詳細7	3(1) 設定1	article 要素内の h1 要素の次の行に下記のソースが指示通り記述されている。(1 箇所異なるごとに 1 点減点。配点分までの減点。) `<p>`（採点対象外）当施設は、スタジオやプールのほか、100 台ものマシンを所有するフィットネスクラブです。`</p>` `<p>` マシンはフィットネスに合わせた様々な設備が揃い、各専門分野のインストラクターが常に指導できるよう常駐しています。` ` 肩こりや腰痛の改善、ダイエット、体力づくりなど、様々な目的に合わせて専門のインストラクターから的確なアドバイスが受けられる体制を整えています。`</p>` `<p>` スタジオプログラムは多彩なプログラムをご用意し、随時開催しています。定員さえ超えなければ、いくつでもご自由にご参加いただけます。`</p>` `<p>` 大浴場は、ジェットバス、シャワー、サウナ、水風呂を完備し、マッサージルームでは運動後の疲れや痛みを残さないよう資格をもったスタッフがマッサージをいたします。`</p>` `<p>` ご興味のある方は、ぜひ無料見学にお越しください。`</p>`	6
	詳細8	3(1) 設定2 3(1) 設定3	article 要素内の最初の p 要素内に下記のソースが指示通り記述されている。(1 箇所異なるごとに 1 点減点。配点分までの減点。p 要素の外に記述の場合は 1 点減点。) `<img src="images/pic.jpg" width="200" height="200" alt="" class="float_right">`	6

採点対象	詳細	問題	チェック項目	配点
info.html	詳細9	2(1) 設定1	★ファイルが site フォルダーにない。または、正しいファイル名でない場合は最大 5 点減点する。ただし、得点小計が 5 点未満の場合は、得点小計点数までの減点とする。(大文字や全角文字も減点する。)	
			小計	19
fee.html	詳細1	2(4) 設定1	正答例と比較し、info.html の詳細 1,3,5 の要素が変更なく記述され、info.html の詳細 4 の要素が指示通り削除されている。	1
	詳細2	4(1) 設定1	title 要素が指示通り変更されている。 <title> 料金プラン - HAPPINESS FITNESS CLUB</title>	1
	詳細3	4(1) 設定1	article 要素内で下記のソースが指示通り変更されている。 <h1> 料金プラン </h1>	1
	詳細4	4(2) 設定1 4(2) 設定5	article 要素内の h1 要素の次の行に下記のソースが指示通り記述されている。(1 箇所異なるごとに 1 点減点。配点分までの減点。) <table> 　<caption><strong> ご利用料金 </strong><p> ご利用する時間帯、料金をご確認いただき、ご希望に合った会員プランをお選びください。また、入会金、年会費等は一切かかりませんので、お気軽にご入会ください。</p></caption> （採点対象外） 　<tr> 　　<td> デイ会員 </td> 　　<td>10:00-18:00</td> 　　<td class="price">6,890 円 / 月 </td> 　</tr> （採点対象外） 　<tr> 　　<td> 都度会員 </td> 　　<td>10:00-23:00</td> 　　<td class="price"> ご利用 1 回ごとに 2,030 円 </td> 　</tr> </table>	2
	詳細5	4(2) 設定2 4(2) 設定5	正答例と比較し、table 要素内で下記のソースが指示通り変更されている。(1 箇所異なるごとに 1 点減点。配点分までの減点。table 要素内の位置・順序が異なる場合は 1 点減点。) <tr> 　<th scope="col"> 会員プラン </th> 　<th scope="col"> 利用時間 </th> 　<th scope="col" class="price"> 金額 </th> </tr>	4
	詳細6	4(2) 設定3 4(2) 設定5	正答例と比較し、table 要素内で下記のソースが指示通り変更されている。(1 箇所異なるごとに 1 点減点。配点分までの減点。table 要素内の位置・順序が異なる場合は 1 点減点。) <tr> 　<td> 正会員 A(全施設利用)</td> 　<td rowspan="2">10:00-23:00</td> 　<td class="price">9,625 円 / 月 </td> </tr> <tr> 　<td> 正会員 B(プールのみ利用)</td> 　<td class="price">3,980 円 / 月 </td> </tr>	3
	詳細7	4(2) 設定4 4(2) 設定5	正答例と比較し、table 要素内に下記のソースが指示通り記述されている。(1 箇所異なるごとに 1 点減点。配点分までの減点。table 要素内の位置・順序が異なる場合は 1 点減点。) <tr> 　<td> ナイト会員 </td> 　<td>18:00-23:00</td> 　<td class="price">7,950 円 / 月 </td> </tr>	4
	詳細8	2(4) 設定1	★ファイルが site フォルダーにない。または、正しいファイル名でない場合は最大 5 点減点する。ただし、得点小計が 5 点未満の場合は、得点小計点数までの減点とする。(大文字や全角文字も減点する。)	
			小計	16

採点対象	詳細	問題	チェック項目	配点
opinion.html	詳細1	2(4) 設定1	正答例と比較し、info.html の詳細 1,3,5 の要素が変更なく記述され、info.html の詳細 4 の要素が指示通り削除されている。	1
	詳細2	5(1) 設定1	title 要素が指示通り変更されている。 <title>ご意見・ご要望 - HAPPINESS FITNESS CLUB</title>	1
	詳細3	5(1) 設定1	article 要素内で下記のソースが指示通り変更されている。 <h1>ご意見・ご要望 </h1>	1
	詳細4	5(2) 設定1	article 要素内の h1 要素の次の行に下記のソースが指示通り記述されている。 <p>サービス改善のため、皆様のお声をお聞かせください。 会員の方はもちろん、ご入会を検討している方のご意見・ご要望もお待ちしております。</p>	1
	詳細5	5(2) 設定2	article 要素内の最初の p 要素の次の行に下記のソースが指示通り記述されている。 <form action="#">（採点対象外）</form>	1
	詳細6	5(2) 設定3 5(2) 設定4 5(2) 設定5	form 要素内に下記のソースが指示通り記述されている。（1 箇所異なるごとに 1 点減点。配点分までの減点。form 要素内の位置・順序が異なる場合は 1 点減点。） <p><label>お名前 <input type="text" name="name" class="textfield"></label></p>	5
	詳細7	5(2) 設定6 5(2) 設定7 5(2) 設定8	form 要素内に下記のソースが指示通り記述されている。（1 箇所異なるごとに 1 点減点。配点分までの減点。form 要素内の位置・順序が異なる場合は 1 点減点。） <p><label>ご意見・ご要望 <textarea name="comment"></textarea></label></p>	3
	詳細8	5(2) 設定9	form 要素内に下記のソースが指示通り記述されている。（1 箇所異なるごとに 1 点減点。配点分までの減点。form 要素内の位置・順序が異なる場合は 1 点減点。） <p><input type="submit" value=" 確認する "></p>	2
	詳細9	2(4) 設定1	★ファイルが site フォルダーにない。または、正しいファイル名でない場合は最大 5 点減点する。ただし、得点小計が 5 点未満の場合は、得点小計点数までの減点とする。（大文字や全角文字も減点する。）	
			小計	15
style.css 基本レイアウト	詳細1	仕様	下記の CSS ルールが変更なく記述されている。また、common.css 内のソースが正答例と同じである。ただし、index.html の詳細 5 の変更がない場合は 0 点。 @import url(common.css);	1

	詳細2	1(2) 設定1	#header が header に指示通り変更されている。また、プロパティと値が変更なく記述されている。（1 箇所異なるごとに 1 点減点。配点分までの減点。）
			header {
			  width: 800px;
			  height: 70px;
			  margin: 20px auto 40px auto;
			  position: relative;
			}
			header h1 {
			  margin : 0;
			  position: absolute;
			}
				2

	詳細3	1(2) 設定2	#nav が nav に指示通り変更されている。また、プロパティと値が変更なく記述されている。（1 箇所異なるごとに 1 点減点。配点分までの減点。）
			nav {
			  position: absolute;
			  right: 0;
			}
			nav ul {
			  list-style-type: none;
			  overflow: hidden;
			}
			nav ul li {
			  float: left;
			}
				3

採点対象	詳細	問題	チェック項目	配点

style.css
基本レイアウト
	詳細4	1(2) 設定3	下記のCSSルールが指示通り記述されている。
			nav ul li a:hover {
			　opacity: 0.7;
			}
				1

	詳細5	1(2) 設定4	#footer が footer に指示通り変更されている。また、プロパティと値が変更なく記述されている。
			footer p {
			　margin-bottom: 0;
			　padding: 14px 0 14px 0;
			　background-image: url(../images/bg_footer.png);
			　background-repeat: repeat-x;
			　text-align: center;
			}
				1

	詳細6	1(2) 設定5	下記のCSSルールが指示通り記述されている。
			footer small {
			　font-size: 100%;
			}
				1

	詳細7	2(3) 設定1	下記のCSSルールが指示通り記述されている。(1箇所異なるごとに1点減点。配点までの減点。)
			#main h1 {
			　margin: 0 0 20px 0;
			　padding: 8px 0 3px 40px;
			　background-image: url(../images/h1.png);
			　background-repeat: no-repeat;
			　font-size: 162%;
			}
				5

	詳細8	1(2) 2(3)	ここまでの採点対象CSSルールが下記のブロック内に記述されている。(1問でも解答されている場合(正誤不問)のみ対象。1問も解答されていない場合や、1つでもブロック外に記述の場合は0点。) 「/* 基本レイアウト ここから↓ */」と「/* 基本レイアウト ここまで↑ */」の中	1
			小計	15

style.css
「施設のご案内」ページ
	詳細1	3(2) 設定1	下記のCSSルールが指示通り記述されている。(1箇所異なるごとに1点減点。配点までの減点。)
			img.float_right {
			　margin-bottom: 20px;
			　margin-left: 20px;
			　float: right;
			}
				3

	詳細2	3(2)	ここまでの採点対象CSSルールが下記のブロック内に記述されている。(1問でも解答されている場合(正誤不問)のみ対象。1問も解答されていない場合や、1つでもブロック外に記述の場合は0点。) 「/* 「施設のご案内」ページ ここから↓ */」と「/* 「施設のご案内」ページ ここまで↑ */」の中	1
			小計	4

style.css
「料金プラン」ページ
	詳細1	4(3) 設定1	下記のCSSルールが指示通り記述されている。(1箇所異なるごとに1点減点。配点までの減点。)
			table {
			　width: 568px;
			　margin-bottom: 20px;
			　border-collapse: collapse;
			}
				3

	詳細2	4(3) 設定2	下記のCSSルールが指示通り記述されている。
			table caption {
			　text-align: left;
			}
				1

採点対象	詳細	問題	チェック項目	配点

style.css
「料金プラン」
ページ
	詳細 3	4(3) 設定 3	下記の CSS ルールが指示通り記述されている。（1 箇所異なるごとに 1 点減点。配点までの減点。）
			table th, table td {
			 width: 190px;
			 padding: 10px;
			 border: 1px solid #7aa7a2;
			 text-align: center;
			}
				4

	詳細 4	4(3) 設定 4	下記の CSS ルールが指示通り記述されている。
			table th {
			 background-color: #cce8e4;
			}
				1

	詳細 5	4(3) 設定 5	下記の CSS ルールが指示通り記述されている。
			table .price {
			 width: 125px;
			}
				1

	詳細 6	4(3) 設定 6	下記の CSS ルールが指示通り記述されている。
			table td.price {
			 text-align: right;
			}
				1

	詳細 7	4(3)	ここまでの採点対象 CSS ルールが下記のブロック内に記述されている。（1 問でも解答されている場合（正誤不問）のみ対象。1 問も解答されていない場合や、1 つでもブロック外に記述の場合は 0 点。） 「/* 「料金プラン」ページ ここから↓ */」と「/* 「料金プラン」ページ ここまで↑ */」の中	1
			小計	12

style.css
「ご意見・ご
要望」ページ
	詳細 1	5(3) 設定 1	下記の CSS ルールが指示通り記述されている。
			form {
			 margin-top: 30px;
			}
				1

	詳細 2	5(3) 設定 2	下記の CSS ルールが指示通り記述されている。
			input.textfield, textarea {
			 border: 1px solid #d1ccb4;
			}
				1

	詳細 3	5(3) 設定 3	下記の CSS ルールが指示通り記述されている。
			input.textfield {
			 width: 250px;
			}
				1

	詳細 4	5(3) 設定 4	下記の CSS ルールが指示通り記述されている。（1 箇所異なるごとに 1 点減点。配点までの減点。）
			textarea {
			 width: 500px;
			 height: 170px;
			 overflow-y: scroll;
			}
				3

	詳細 5	5(3)	ここまでの採点対象 CSS ルールが下記のブロック内に記述されている。（1 問でも解答されている場合（正誤不問）のみ対象。1 問も解答されていない場合や、1 つでもブロック外に記述の場合は 0 点。） 「/* 「ご意見・ご要望」ページ ここから↓ */」と「/* 「ご意見・ご要望」ページ ここまで↑ */」の中	1
			小計	7
			合計	100

7-4 第7章 ▶ サンプル問題

実技問題　正答例と解説

「Webクリエイター能力認定試験　スタンダード　サンプル問題　実技試験」の正答例と解説です。

■ HTML ファイル（index.html）変更前

① HTML 4.01 の文書型宣言を定義している。
② HTML に関する情報と文字エンコードを設定している。
③ CSS に関する情報を設定している。
④ CSS ファイルの読込みを設定している。

```html
① <!DOCTYPE html PUBLIC "-//W3C//DTD HTML 4.01//EN" "http://www.w3.org/TR/html4/strict.dtd">
<html lang="ja">
<head>
② <meta http-equiv="Content-Type" content="text/html; charset=utf-8">
③ <meta http-equiv="Content-Style-Type" content="text/css">
<title>HAPPINESS FITNESS CLUB</title>
④ <link rel="stylesheet" href="css/style.css" type="text/css">
</head>

<body>
<div id="header">
 <h1><img src="images/logo.png" width="203" height="70" alt="ハピネスフィットネスクラブ"></h1>
 <div id="nav">
  <ul>
   <li><a href="info.html"><img src="images/nav1.png" width="173" height="50" alt="施設のご案内"></a></li>
   <li><a href="fee.html"><img src="images/nav2.png" width="173" height="50" alt="料金プラン"></a></li>
   <li><a href="opinion.html"><img src="images/nav3.png" width="173" height="50" alt="ご意見・ご要望"></a></li>
  </ul>
 </div>
</div>
<div id="contents">
 <div id="main">
  <p id="graphic"><img src="images/graphic.jpg" width="570" height="300" alt="ハピネスフィットネスクラブでは さまざまなプログラムをご用意しております。"></p>
  <div id="section">
   <h2>今月のお知らせ</h2>
   <p>入会された方に、ミネラルウォーターをプレゼントいたします。<br>運動中の水分補給にお使いください。</p>
  </div>
 </div>
 <div id="sub">
  <div id="aside">
   <ul>
    <li><a href="info.html"><img src="images/bnr_info.png" width="200" height="80" alt="施設のご案内"></a></li>
    <li><a href="opinion.html"><img src="images/bnr_opinion.png" width="200" height="50" alt="ご意見・ご要望"></a></li>
   </ul>
  </div>
 </div>
</div>
<div id="footer">
 <p>Copyright 2014 HAPPINESS FITNESS CLUB All rights reserved.</p>
</div>
</body>
</html>
```

■HTMLファイル（index.html）変更後

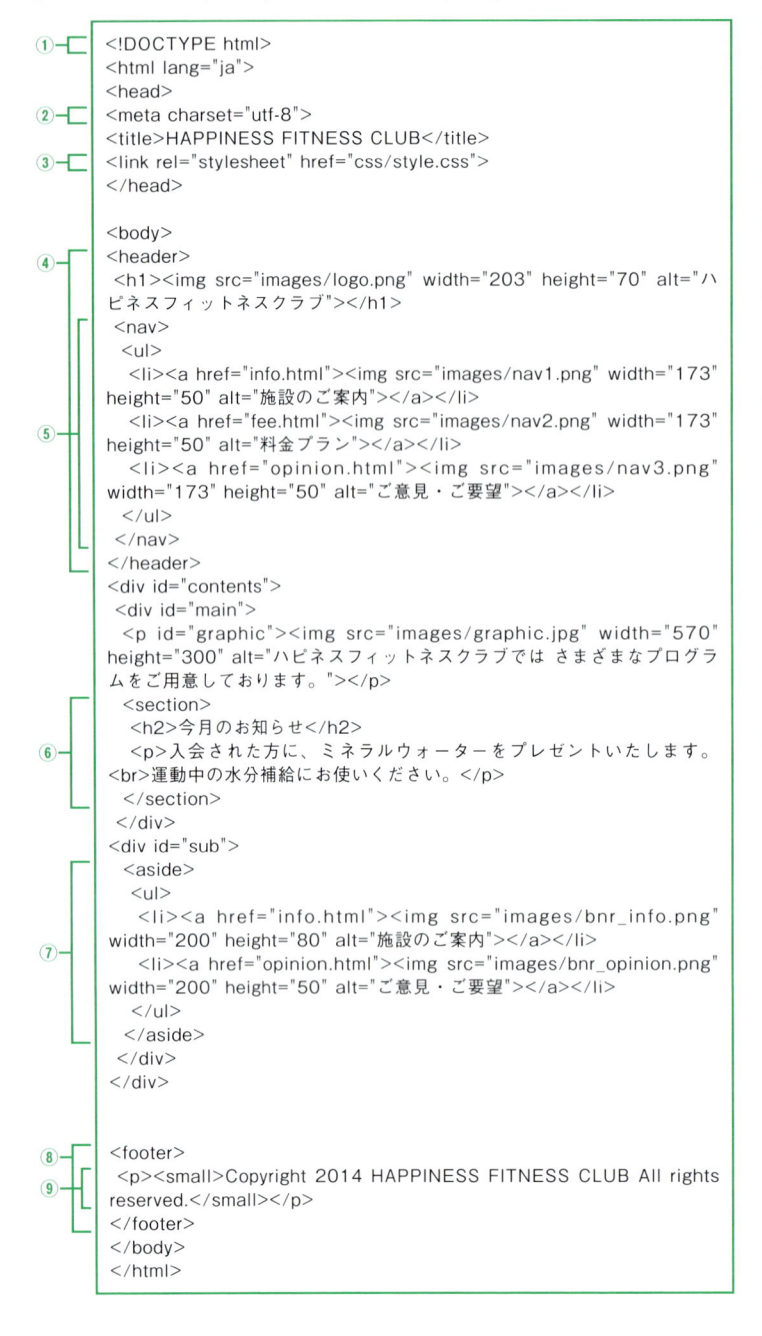

```html
<!DOCTYPE html>
<html lang="ja">
<head>
<meta charset="utf-8">
<title>HAPPINESS FITNESS CLUB</title>
<link rel="stylesheet" href="css/style.css">
</head>

<body>
<header>
 <h1><img src="images/logo.png" width="203" height="70" alt="ハピネスフィットネスクラブ"></h1>
 <nav>
  <ul>
   <li><a href="info.html"><img src="images/nav1.png" width="173" height="50" alt="施設のご案内"></a></li>
   <li><a href="fee.html"><img src="images/nav2.png" width="173" height="50" alt="料金プラン"></a></li>
   <li><a href="opinion.html"><img src="images/nav3.png" width="173" height="50" alt="ご意見・ご要望"></a></li>
  </ul>
 </nav>
</header>
<div id="contents">
 <div id="main">
  <p id="graphic"><img src="images/graphic.jpg" width="570" height="300" alt="ハピネスフィットネスクラブでは さまざまなプログラムをご用意しております。"></p>
  <section>
   <h2>今月のお知らせ</h2>
   <p>入会された方に、ミネラルウォーターをプレゼントいたします。<br>運動中の水分補給にお使いください。</p>
  </section>
 </div>
 <div id="sub">
  <aside>
   <ul>
    <li><a href="info.html"><img src="images/bnr_info.png" width="200" height="80" alt="施設のご案内"></a></li>
    <li><a href="opinion.html"><img src="images/bnr_opinion.png" width="200" height="50" alt="ご意見・ご要望"></a></li>
   </ul>
  </aside>
 </div>
</div>

<footer>
 <p><small>Copyright 2014 HAPPINESS FITNESS CLUB All rights reserved.</small></p>
</footer>
</body>
</html>
```

① HTML5の文書型宣言の定義は、<!DOCTYPE html>と記述する。

② HTML5では、http-equiv属性とcontent属性を省略できるため、文字エンコードのcharset属性のみを設定している。文字エンコードは、UTF-8を強く推奨している。

③ HTML5では、type属性の初期値が「text/css」となるため、type属性を省略している。

④ header要素は、主にページ上部のヘッダーなどを表す。ここでは、ロゴとナビゲーションをヘッダーとして定義している。

⑤ nav要素は、ナビゲーションを表す。ここでは、「施設のご案内」、「料金プラン」、「ご意見・ご要望」のリンクをWebサイトの主要なナビゲーションとして定義している。

⑥ section要素は、一般的なセクションを表す。セクションとは、見出しと内容で構成されたものである。ここでは、h2要素（見出し）とp要素（内容）をセクションとして定義している。

⑦ aside要素は、コンテンツに関係しているものの、切り離すことができるものを表す。例えば、広告のリンクなどに使用する。ここでは、「施設のご案内」と「ご意見・ご要望」のリンク画像を広告バナーとして定義している。

⑧ footer要素は、ページ下部のフッターなどを表す。ここでは、コピーライト表記をフッターとして定義している。

⑨ small要素は、著作権表記（コピーライト表記）などの注釈を表し、テキストを小さくする意味ではない。ここでは、コピーライト表記をsmall要素として定義している。

■CSS ファイル（style.css）基本レイアウト

① ```
@charset "utf-8";
```

```
/* 基本レイアウト ここから↓ */
```
② `@import url(common.css);`
③ ```
header {
  width: 800px;
  height: 70px;
  margin: 20px auto 40px auto;
  position: relative;
}
```
③ ```
header h1 {
  margin : 0;
  position: absolute;
}
```
④ ```
nav {
  position: absolute;
  right: 0;
}
```
④ ```
nav ul {
  list-style-type: none;
  overflow: hidden;
}
```
④ ```
nav ul li {
  float: left;
}
```
⑤ ```
nav ul li a:hover {
  opacity: 0.7;
}
```
⑥ ```
footer p {
  margin-bottom: 0;
  padding: 14px 0 14px 0;
  background-image: url(../images/bg_footer.png);
  background-repeat: repeat-x;
  text-align: center;
}
```
⑦ ```
footer small {
  font-size: 100%;
}
```
…略…

① @charset で CSS の文字エンコードを「utf-8」に設定している。
② @import で CSS ファイル「common.css」を読込み、様々なスタイルの設定を適用している。
③ HTML ファイルで `<div id="header">` ～ `</div>` を `<header>` ～ `</header>` に変更しているため、セレクター内を「#header」から「header」に変更している。
④ HTML ファイルで `<div id="nav">` ～ `</div>` を `<nav>` ～ `</nav>` に変更しているため、セレクター内を「#nav」から「nav」に変更している。
⑤ ナビゲーションのリンクをロールオーバーするために、セレクターの末尾に「:hover」を追加し、opacity プロパティで半透明に設定している。opacity プロパティの値は 0 から 1.0 の間の数値を指定することができる。
⑥ HTML ファイルで `<div id="footer">` ～ `</div>` を `<footer>` ～ `</footer>` に変更しているため、セレクター内を「#footer」から「footer」に変更している。
⑦ small 要素で内包したテキストは、他のテキストに比べ小さく表示されるため、「font-size:100%」と記述して、他のテキストと同じサイズに設定している。
```

■HTML ファイル（info.html）

```html
<!DOCTYPE html>
<html lang="ja">
<head>
<meta charset="utf-8">
<title>施設のご案内 - HAPPINESS FITNESS CLUB</title>
<link rel="stylesheet" href="css/style.css">
</head>

<body>
<header>
 <h1><a href="index.html"><img src="images/logo.png" width="203" height="70" alt="ハピネスフィットネスクラブ"></a></h1>
 <nav>
  <ul>
   <li><a href="info.html"><img src="images/nav1.png" width="173" height="50" alt="施設のご案内"></a></li>
   <li><a href="fee.html"><img src="images/nav2.png" width="173" height="50" alt="料金プラン"></a></li>
   <li><a href="opinion.html"><img src="images/nav3.png" width="173" height="50" alt="ご意見・ご要望"></a></li>
  </ul>
 </nav>
</header>
<div id="contents">
 <div id="main">
  <article>
   <h1>施設のご案内</h1>
   <p><img src="images/pic.jpg" width="200" height="200" alt="" class="float_right">当施設は、スタジオやプールのほか、100台ものマシンを所有するフィットネスクラブです。</p>
   <p>マシンはフィットネスに合わせた様々な設備が揃い、各専門分野のインストラクターが常に指導できるよう常駐しています。<br>
   肩こりや腰痛の改善、ダイエット、体力づくりなど、様々な目的に合わせて専門のインストラクターから的確なアドバイスが受けられる体制を整えています。</p>
   <p>スタジオプログラムは多彩なプログラムをご用意し、随時開催しています。定員さえ超えなければ、いくつでもご自由にご参加いただけます。</p>
   <p>大浴場は、ジェットバス、シャワー、サウナ、水風呂を完備し、マッサージルームでは運動後の疲れや痛みを残さないよう資格をもったスタッフがマッサージをいたします。</p>
   <p>ご興味のある方は、ぜひ無料見学にお越しください。</p>
  </article>
 </div>
 <div id="sub">
  <aside>
   <ul>
    <li><a href="info.html"><img src="images/bnr_info.png" width="200" height="80" alt="施設のご案内"></a></li>
    <li><a href="opinion.html"><img src="images/bnr_opinion.png" width="200" height="50" alt="ご意見・ご要望"></a></li>
   </ul>
  </aside>
 </div>
</div>
<footer>
 <p><small>Copyright 2014 HAPPINESS FITNESS CLUB All rights reserved.</small></p>
</footer>
</body>
</html>
```

① title 要素は、ページのタイトルを設定している。ここでは、「タイトル名 – サイト名」と記述することで、下層ページであることを表示している。

② ユーザビリティを考慮して、ロゴ画像にトップページへのリンクを設定している。他の下層ページでも同様にトップページへのリンクを設定している。

③ article 要素は、それだけで1つのコンテンツとして成り立っている記事を表す。ここでは、下層ページのメイン領域内を1つのコンテンツとして定義している。

④ h1 要素は、title 要素のタイトル名と統一している。

⑤ img 要素は、画像を表示するために、src 属性で画像ファイルを指定している。画像ファイルの幅と高さは、200ピクセルのため、幅は width 属性、高さは height 属性にそれぞれ数値を設定している。CSS では、ピクセル単位を指定する際、「200px」と指定するが HTML では、width 属性と height 属性に「px」は記述しない。class 属性は、CSS で回り込みを設定している。

■CSS ファイル（style.css）基本レイアウトと「施設のご案内」ページ

①
```css
…略…
#main h1 {
 margin: 0 0 20px 0;
 padding: 8px 0 3px 40px;
 background-image: url(../images/h1.png);
 background-repeat: no-repeat;
 font-size: 162%;
}
/* 基本レイアウト ここまで↑ */

/* 「施設のご案内」ページ ここから↓ */
```

②
```css
img.float_right {
 margin-bottom: 20px;
 margin-left: 20px;
 float: right;
}
/* 「施設のご案内」ページ ここまで↑ */
…略…
```

① セレクター「#main h1」は、main 領域の h1 要素を指定している。ここでは、background-image プロパティで背景画像とテキストを分離し、画像編集ソフトを使用しなくても h1 要素のテキストを変更できるようにしている。

② float プロパティは、画像が右に表示されるように回り込みを指定している。画像とテキストの間に余白を設定するため、マージンは上と右には指定せず、下と左のみに指定している。

■HTML ファイル（fee.html）

①
```html
<!DOCTYPE html>
<html lang="ja">
<head>
 <meta charset="utf-8">
 <title>料金プラン - HAPPINESS FITNESS CLUB</title>
 <link rel="stylesheet" href="css/style.css">
</head>

<body>
<header>
 <h1><a href="index.html"><img src="images/logo.png" width="203" height="70" alt="ハピネスフィットネスクラブ"></a></h1>
 <nav>
  <ul>
   <li><a href="info.html"><img src="images/nav1.png" width="173" height="50" alt="施設のご案内"></a></li>
   <li><a href="fee.html"><img src="images/nav2.png" width="173" height="50" alt="料金プラン"></a></li>
   <li><a href="opinion.html"><img src="images/nav3.png" width="173" height="50" alt="ご意見・ご要望"></a></li>
  </ul>
 </nav>
</header>
<div id="contents">
 <div id="main">
  <article>
```

②
```html
   <h1>料金プラン</h1>
```

③
```html
   <table>
    <caption><strong>ご利用料金</strong><p>ご利用する時間帯、料金をご確認いただき、ご希望に合った会員プランをお選びください。また、入会金、年会費等は一切かかりませんので、お気軽にご入会ください。</p>
    </caption>
    <tr>
```

④
```html
     <th scope="col">会員プラン</th>
     <th scope="col">利用時間</th>
     <th scope="col" class="price">金額</th>
    </tr>
```

① title 要素は、ページのタイトルを設定している。タイトル名はメイン領域の h1 要素と統一している。

② h1 要素は、title 要素のタイトル名と統一している。

③ table 要素は表を定義している。

④ th 要素は見出しセルを定義している。th 要素に属性「scope="col"」を記述することで、縦方向のセルを対象とした見出しセルであることを設定している。

```html
    <tr>
      <td>正会員A(全施設利用)</td>
      <td rowspan="2">10:00-23:00</td>
      <td class="price">9,625円/月</td>
    </tr>
    <tr>
      <td>正会員B(プールのみ利用)</td>
      <td class="price">3,980円/月</td>
    </tr>
    <tr>
      <td>デイ会員</td>
      <td>10:00-18:00</td>
      <td class="price">6,890円/月</td>
    </tr>
    <tr>
      <td>ナイト会員</td>
      <td>18:00-23:00</td>
      <td class="price">7,950円/月</td>
    </tr>
    <tr>
      <td>都度会員</td>
      <td>10:00-23:00</td>
      <td class="price">ご利用1回ごとに<br>2,030円</td>
    </tr>
   </table>
  </article>
 </div>
<div id="sub">
  <aside>
   <ul>
    <li><a href="info.html"><img src="images/bnr_info.png" width="200" height="80" alt="施設のご案内"></a></li>
    <li><a href="opinion.html"><img src="images/bnr_opinion.png" width="200" height="50" alt="ご意見・ご要望"></a></li>
   </ul>
  </aside>
 </div>
</div>
<footer>
 <p><small>Copyright 2014 HAPPINESS FITNESS CLUB All rights reserved.</small></p>
</footer>
</body>
</html>
```

⑤ td 要素に属性「rowspan="2"」を記述し、二行分のセルを結合している。

⑥ `<td>10:00-23:00</td>` は、⑤の記述でセルを結合したため削除している。

⑦ tr 要素は行を定義し、td 要素はデータセルを定義している。tr 要素と td 要素を組み合わせることで行を追加することができる。

■CSS ファイル（style.css）「料金プラン」ページ

```css
…略…
/* 「料金プラン」ページ ここから↓ */
table {
  width: 568px;
  margin-bottom: 20px;
  border-collapse: collapse;
}
table caption {
  text-align: left;
}
table th, table td {
  width: 190px;
  padding: 10px;
  border: 1px solid #7aa7a2;
  text-align: center;
}
table th {
  background-color: #cce8e4;
}
table .price {
  width: 125px;
}
table td.price {
  text-align: right;
}
/* 「料金プラン」ページ ここまで↑ */
…略…
```

① セレクター「table」は表を指定し、width プロパティで、表の幅を設定している。
② border-collapse プロパティは、表のボーダーの表示方法を設定している。「collapse」と指定することでセルのボーダーが重なって表示される。
③ caption 要素の初期の表示位置は、中央になっているため、text-align プロパティで表示位置を左揃えに設定している。
④ セレクター「table th, table td」で見出しセルとデータセルの指定をしている。padding プロパティですべてのセルの余白を 10 ピクセルに設定し、セルのボーダーは、初期値で表示されないため、border プロパティで太さを 1 ピクセル、種類を実線（solid）、色を「#7aa7a2」に設定している。
⑤ background-color プロパティで見出しセルの背景色を設定している。
⑥ ④で設定しているセルの幅、余白、罫線の三列を合計すると約 633 ピクセルになり、①の表の幅の 568 ピクセルを超えてしまう。そのため、三列目を 125 ピクセルに調節している。
⑦ 表内の金額の表示は、右に揃えることが一般的で、金額のデータセルを右に揃えるために、セレクター内の「.price」の前に「td」を設定している。

■HTML ファイル（opinion.html）

```html
<!DOCTYPE html>
<html lang="ja">
<head>
<meta charset="utf-8">
<title>ご意見・ご要望 - HAPPINESS FITNESS CLUB</title>
<link rel="stylesheet" href="css/style.css">
</head>

<body>
<header>
<h1><a href="index.html"><img src="images/logo.png" width="203" height="70" alt="ハピネスフィットネスクラブ"></a></h1>
  <nav>
   <ul>
    <li><a href="info.html"><img src="images/nav1.png" width="173" height="50" alt="施設のご案内"></a></li>
    <li><a href="fee.html"><img src="images/nav2.png" width="173" height="50" alt="料金プラン"></a></li>
    <li><a href="opinion.html"><img src="images/nav3.png" width="173" height="50" alt="ご意見・ご要望"></a></li>
   </ul>
  </nav>
</header>

<div id="contents">
  <div id="main">
   <article>
    <h1>ご意見・ご要望</h1>
```

① title 要素は、ページのタイトルを設定している。タイトル名はメイン領域の h1 要素と統一している。
② h1 要素は、title 要素のタイトル名と統一している。

```
            <p>サービス改善のため、皆様のお声をお聞かせください。<br>
            会員の方はもちろん、ご入会を検討している方のご意見・ご要望もお待
            ちしております。</p>
③       <form action="#">
④         <p><label>お名前<br>
           <input type="text" name="name" class="textfield"></label></p>
⑤         <p><label>ご意見・ご要望<br>
           <textarea name="comment"></textarea></label></p>
⑥         <p><input type="submit" value="確認する"></p>
         </form>
        </article>
      </div>
      <div id="sub">
        <aside>
          <ul>
            <li><a href="info.html"><img src="images/bnr_info.png"
width="200" height="80" alt="施設のご案内"></a></li>
            <li><a href="opinion.html"><img src="images/bnr_opinion.png"
width="200" height="50" alt="ご意見・ご要望"></a></li>
          </ul>
        </aside>
      </div>
    </div>
    <footer>
      <p><small>Copyright 2014 HAPPINESS FITNESS CLUB All rights
reserved.</small></p>
    </footer>
  </body>
</html>
```

③ form 要素はフォームを定義している。通常は Web プログラムを使用した送信先の URL を action 属性に記述することが多い。

④ input 要素の type 属性「text」は、テキスト入力や編集ができるフォーム部品を定義している。name 属性は、フォーム部品名を設定している。class 属性は、CSS で幅を設定している。label 要素でテキストと input 要素を関連付けしている。

⑤ textarea 要素は、改行を含む複数行のテキスト入力や編集ができるフォーム部品を定義している。name 属性は、フォーム部品名を設定している。label 要素でテキストと textarea 要素を関連付けしている。

⑥ input 要素の type 属性「submit」は、送信ボタンを定義している。通常は③の Web プログラムと連携することで、入力したデータを送信することができる。

■ CSS ファイル（style.css）「ご意見・ご要望」ページ

```
…略…
/* 「ご意見・ご要望」ページ ここから↓ */
form {
  margin-top: 30px;
}
input.textfield, textarea {
  border: 1px solid #d1ccb4;
}
input.textfield {
  width: 250px;
}
textarea {
  width: 500px;
  height: 170px;
  overflow-y: scroll;
}
/* 「ご意見・ご要望」ページ ここまで↑ */
```

① フォームの上マージンを 30 ピクセルに設定している。

② テキストフィールドとテキストエリアのボーダーを設定している。セレクター内の「input」の後に「.textfield」を設定しているのは、送信ボタンにボーダーを表示しないためである。

③ テキストフィールドの幅を 250 ピクセルに設定している。

④ テキストエリアの幅を 500 ピクセル、高さを 170 ピクセルに設定している。

⑤ テキストエリアのスクロールは、Web ブラウザーによって表示が異なる場合があるため、「overflow-y: scroll;」を設定し、表示を統一している。

Index

記号

& ... 56
© ... 56
> ... 56
< ... 56
" ... 56
® ... 56
™ ... 56
.css ... 19
.html ... 19
.jpg ... 19
.pdf ... 19
.txt ... 19
.zip ... 19
@import ルール ... 64
@ ルール ... 60

a

a ... 85
action ... 155
active ... 61
address ... 56
alt 属性 ... 107
article ... 54
aside ... 51,54
auto ... 167

b

background-image プロパティ ... 90
background-position プロパティ ... 92
background-repeat プロパティ ... 91
baseline ... 148
block ... 96
body ... 45
bold ... 78
bolder ... 78
border-collapse プロパティ ... 137
border-spacing プロパティ ... 138
border 属性 ... 129
border プロパティ ... 141,142
bottom ... 148

br ... 103

c

caption ... 128,138
class 属性 ... 54
clearfix テクニック ... 117
clear プロパティ ... 112
col ... 131
colgroup ... 131
colspan 属性 ... 132
CSS ... 21,58
CSS バリデーション ... 80
CSS プロパティ ... 94
cursive ... 78

d

dashed ... 141
display プロパティ ... 96
div ... 48,53,54
dl ... 105
DOCTYPE 宣言 ... 41
dotted ... 141
double ... 141

e

em ... 79

f

fantasy ... 78
float プロパティ ... 110
focus ... 61
focus 擬似クラス ... 75
font プロパティ ... 79
font-family プロパティ ... 78
font-size プロパティ ... 77
font-style プロパティ ... 77
font-weight プロパティ ... 78
footer ... 52,54
form ... 155

g

GIF 形式 ... 22
Google Chrome ... 18

groove	141

h
h1	88,126,150
head	45
header	48,54
hidden	141,167
hover	61
HTML	21
html	45
HTML バリデーション	80

i
ID セレクター	61,71
id 属性	54
image	157
img	43,106
inline	96
inline-block	96
input	157
input type="submit"	162
inset	141
Internet Explorer	18
italic	77

j
JPEG 形式	22

l
label	157,158
large	77
larger	77
li	104
lighter	78
line-height	148
link	61,63
list-style プロパティ	124
list-style-image プロパティ	123
list-style-position プロパティ	124
list-style-type	122
list-style-type プロパティ	123

m
medium	77
method	155
middle	148
MIME タイプ	47

monospace	78
Mozilla Firefox	18

n
name	155
nav	49,54
none	96,141
no-repeat	91
normal	77,78

o
oblique	77
ol	105
opacity プロパティ	75
outset	141
overflow プロパティ	116,167
overflow-x プロパティ	167
overflow-y プロパティ	167

p
p	103
PNG24	22
PNG8	22
PNG 形式	22
position:absolute;	120
position:fixed;	121
position:static;	121
position プロパティ	119
pt	79
px	79

r
repeat	91
repeat-x	91
repeat-y	91
ridge	141
row	131
rowgroup	131
rowspan 属性	132

s
Safari	18
sans-serif	78
scope 属性	130
scroll	167
section	50,54
serif	78

small	56, 77
smaller	77
solid	141
span	53
src 属性	107
strong	56
style	62
style 属性	62
sub	148
submit	157
summary 属性	135
super	148

t

table-layout プロパティ	137
td	128
text	157
text-align プロパティ	139
textarea	159
text-bottom	148
text-decoration プロパティ	147
text-indent プロパティ	147
text-top	148
th	128
title	84, 126, 150
top	148
tr	128
type 属性	157

u

ul	104
URL	17

v

vertical-align プロパティ	148
visible	167
visited	61

w

Web サイト	16
Web ページ	16

x

x-large	77
x-small	77
xx-large	77
xx-small	77

い

位置指定	118
一般フォントファミリー	78
インラインレベル要素	95

お

親要素	38
音声ブラウザー	18

か

開始タグ	37
外部 CSS ファイル	47
拡張子	19
箇条書き	104, 122
空要素	38

き

キャプション	138
兄弟要素	39

く

クラスセレクター	61

こ

コメント文	38, 60
子要素	38
コンテンツ領域	26
コントロール	153
コントロールのフォーカス	168

さ

サブドメイン	17
サブ領域	27

し

子孫コンビネータ	61, 72
子孫セレクター	61, 72
子孫要素	39
終了タグ	37, 42
ショートハンド・プロパティ	99

す

スキーム	17
スタイル宣言	59

せ

絶対パス	86
セマンテック要素	40
セレクター	59, 61, 141
宣言	59

205

宣言ブロック ･････････････････････････････ 59

そ
送信ボタン ･･････････････････････････････ 162
相対パス ････････････････････････････････ 86
属性 ････････････････････････････････････ 37
属性値 ･･････････････････････････････････ 37
祖先要素 ････････････････････････････････ 39

た
ダイナミック擬似クラス ････････････････････ 74
タイプセレクター ･････････････････････ 61,71
タグ ････････････････････････････････････ 36
タグ名 ･･････････････････････････････････ 37

て
テーブルのタグ ･･････････････････････････ 128
テキストエリア ･･････････････････････ 159,164
テキストフィールド ･･････････････････････ 164
デフォルト CSS ･･････････････････････････ 98

と
ドメイン ････････････････････････････････ 17

な
ナビゲーション領域 ･･････････････････････ 26
ナビゲーション領域の CSS ････････････････ 69

の
ノーマライズ CSS ････････････････････････ 98

は
背景画像 ････････････････････････････････ 89
パディング ･･････････････････････････････ 93

ふ
ファビコン ･･････････････････････････････ 45
ブール属性 ･･････････････････････････････ 43
フォーム ･･･････････････････････････････ 152
フォントサイズ ･･････････････････････ 76,100
フッター領域 ････････････････････････････ 27
ブラウザー ･･････････････････････････････ 18
ブロックレベル要素 ･･････････････････････ 95
プロパティ ･･････････････････････････････ 59
プロパティ値 ･････････････････････････ 59,79
文書型宣言 ･･････････････････････････････ 41

へ
ヘッダー領域 ････････････････････････････ 26
ヘッダー領域の CSS ･･････････････････････ 67

ほ
ホスト名 ････････････････････････････････ 17
ボックスモデル ･･････････････････････････ 94

ま
マージン ････････････････････････････････ 97
マージンのたたみ込み ･･･････････････････ 103

み
見出し ･･････････････････････････････････ 88

め
メイン領域 ･･････････････････････････････ 26
メタデータ ･･････････････････････････････ 45

も
文字エンコード方式 ･･････････････････････ 46
文字実体参照 ････････････････････････････ 56

ゆ
ユーザーアクション擬似クラス ･･････････ 61,74
ユニバーサルセレクター ･･････････････････ 61

よ
要素 ････････････････････････････････････ 37
要素の内容 ･･････････････････････････････ 37

ら
ラベルテキスト ･････････････････････････ 157

り
リセット CSS ････････････････････････････ 98
リンク ･･････････････････････････････････ 85
リンク擬似クラス ････････････････････ 61,73,74

る
ルール ･･････････････････････････････････ 59
ルールセット ････････････････････････････ 59

れ
レンダリングエンジン ･･･････････････････ 18

ろ
ロールオーバー ･･････････････････････････ 73

Webクリエイター能力認定試験
HTML5対応 スタンダード　公式テキスト

(FPT1417)

2015年 2月11日　初版発行
2025年 8月13日　第3版第12刷発行

著作	狩野　祐東
協力	株式会社サーティファイ
制作	富士通エフ・オー・エム株式会社
発行者	山下　秀二
発行所	FOM出版（富士通エフ・オー・エム株式会社） 〒212-0014　神奈川県川崎市幸区大宮町1番地5　JR川崎タワー 株式会社富士通ラーニングメディア内 https://www.fom.fujitsu.com/goods/
印刷／製本	アベイズム株式会社
表紙デザイン	株式会社リンクアップ

- 本書は、構成・文章・プログラム・画像・データなどのすべてにおいて、著作権法上の保護を受けています。本書の一部あるいは全部について、いかなる方法においても複写・複製など、著作権法上で規定された権利を侵害する行為を行うことは禁じられています。
- 本書に関するご質問は、ホームページまたはメールにてお寄せください。
  <ホームページ>
  上記ホームページ内の「FOM出版」から「QAサポート」にアクセスし、「QAフォームのご案内」からQAフォームを選択して、必要事項をご記入の上、送信してください。
  <メール>
  FOM-shuppan-QA@cs.jp.fujitsu.com
  なお、次の点に関しては、あらかじめご了承ください。
  ・ご質問の内容によっては、回答に日数を要する場合があります。
  ・本書の範囲を超えるご質問にはお答えできません。　・電話やFAXによるご質問には一切応じておりません。
- 本製品に起因してご使用者に直接または間接的損害が生じても、富士通エフ・オー・エム株式会社はいかなる責任も負わないものとし、一切の賠償などは行わないものとします。
- 本書に記載された内容などは、予告なく変更される場合があります。
- 落丁・乱丁はお取り替えいたします。

© Sukeharu Kano 2015-2021
Printed in Japan

FOM出版のシリーズラインアップ

定番の よくわかる シリーズ

「よくわかる」シリーズは、長年の研修事業で培ったスキルをベースに、ポイントを押さえたテキスト構成になっています。すぐに役立つ内容を、丁寧に、わかりやすく解説しているシリーズです。

- よくわかる Microsoft Word 基礎
- よくわかる Microsoft Excel 基礎
- よくわかる はじめてのらくらくキーボード ローマ字入力対応
- よくわかる 自信がつくビジネスマナー

資格試験の よくわかるマスター シリーズ

「よくわかるマスター」シリーズは、IT資格試験の合格を目的とした試験対策用教材です。

■MOS試験対策
- よくわかるマスター MOS Word 対策テキスト&問題集
- よくわかるマスター MOS Excel 対策テキスト&問題集

■情報処理技術者試験対策 
- よくわかるマスター ITパスポート試験 対策テキスト&過去問題集(ITパスポート試験)
- よくわかるマスター 基本情報技術者試験 対策テキスト(基本情報技術者試験) 

FOM出版テキスト 最新情報のご案内

FOM出版では、お客様の利用シーンに合わせて、最適なテキストをご提供するために、様々なシリーズをご用意しています。

FOM出版 🔍検索

https://www.fom.fujitsu.com/goods/

FAQのご案内
[テキストに関するよくあるご質問]

FOM出版テキストのお客様Q&A窓口に皆様から多く寄せられたご質問に回答を付けて掲載しています。

FOM出版 FAQ 🔍検索

https://www.fom.fujitsu.com/goods/faq/